过硫酸氢盐催化氧化技术及其在水处理领域中的应用

徐 啸 彭 伟 著

西北工業大學出版社

西 安

【内容简介】 本书主要内容包括高级氧化技术及其应用概述、Fe(Ⅱ)/过硫酸氢盐氧化体系去除水中藻类的实验研究、UV/PMS工艺氧化降解卤乙腈的实验研究、Fe_3O_4/β-FeOOH纳米磁性复合材料催化PMS降解SMX的效能研究、Mn_3O_4-FeOOH复合材料催化PMS降解水中染料的效能研究、铜掺杂Fe_3O_4/β-FeOOH纳米磁性复合材料催化PMS降解SMX的效能研究。

本书既可以作为研究资料，为环境化学、环境保护相关领域的研究提供参考，也可以作为教学辅导用书，供从事环境材料研究及教学的工作者使用。

图书在版编目(CIP)数据

过硫酸氢盐催化氧化技术及其在水处理领域中的应用 / 徐啸，彭伟著. —西安：西北工业大学出版社，2024.4

ISBN 978-7-5612-9262-4

Ⅰ.①过… Ⅱ.①徐… ②彭… Ⅲ.①污水处理 Ⅳ.①X703

中国国家版本馆CIP数据核字(2024)第073429号

GUOLIUSUANQINGYAN CUIHUA YANGHUA JISHU JI QI ZAI SHUICHULI LINGYU ZHONG DE YINGYONG

过硫酸氢盐催化氧化技术及其在水处理领域中的应用

徐啸 彭伟 著

责任编辑：杨 兘 **策划编辑**：刘 茜
责任校对：李阿盟 **装帧设计**：董晓伟
出版发行：西北工业大学出版社
通信地址：西安市友谊西路127号 邮编：710072
电　　话：(029)88493844，88491757
网　　址：www.nwpup.com
印 刷 者：西安五星印刷有限公司
开　　本：787 mm×1 092 mm 1/16
印　　张：6
字　　数：146千字
版　　次：2024年4月第1版 2024年4月第1次印刷
书　　号：ISBN 978-7-5612-9262-4
定　　价：39.00元

前　言

水环境治理是加强生态环境保护、全面推进美丽中国建设的重要环节。随着经济社会的快速发展,工农业生产、居民生活过程中产生或使用的大量化学品不可避免地进入水环境中,导致地表水和地下水源中水体污染、富营养化等问题频繁出现。由于这些污染物成分复杂、存在形态多样,难以在自然环境或常规水处理工艺中被完全降解为对环境无害物质,给水生态系统和人身健康带来威胁,所以亟需开发新型高效水处理技术。以硫酸根自由基($SO_4^- \cdot$)为基础的高级氧化技术,由于其具有氧化还原电位高、选择性强、半衰期长的特点,所以能够通过一系列反应实现污染物的高效去除。硫酸根自由基的产生主要通过催化过硫酸盐和过硫酸氢盐来实现。过硫酸盐对称性高,其 O—O 键较难断裂,催化反应较难进行;而过硫酸氢盐对称性较低,其 O—O 键的键能较低,更容易被催化产生自由基,从而具有更广阔的应用前景,成为水污染控制及相关领域的研究热点。

笔者长期从事水污染控制及应急供水技术研发。本书是笔者多年开展过硫酸氢盐催化氧化技术研究成果的系统梳理和总结。本书提出的过硫酸氢盐催化氧化技术,围绕催化反应体系构建、催化材料设计及开发、外加反应条件优化等研究内容,强化过硫酸氢盐催化氧化效能,并将其应用于多个水中难降解污染物的处理中,取得了良好的效果。本书既可以作为研究资料,为环境化学、环境保护相关领域的研究人员提供参考,也可以作为教学辅导用书,供从事化工材料、环境材料研究及教学的工作者使用。

全书共 6 章,第 1 章为高级氧化技术及其应用概述;第 2、3 章,分别构建了二价铁耦合过硫酸氢盐溶液均相催化体系去除水中藻类、紫外线光照辅助催化过硫酸氢盐氧化体系降解卤乙腈;第 4～6 章,通过设计研发 $Fe_3O_4/\beta-FeOOH$ 纳米磁性复合材料、Mn_3O_4－FeOOH 复合材料、铜掺杂 Fe_3O_4/β－FeOOH 纳米磁性复合材料等，并将其分别应用于磺胺甲噁唑、染料等不同污染物的降解中，构建了过硫酸氢盐的非均相催化氧化技术路径。

本书由徐啸、彭伟共同完成。徐啸负责撰写第1、2、4、5章，彭伟负责撰写第3、6章。另外，课题组研究生周继豪、侯永金、刘于颇等协助笔者做了多项实验和书稿的校对工作。在本书出版过程中，西北工业大学出版社刘茜编辑提供了诸多支持和帮助，在此深表谢意！

在撰写本书的过程中，笔者参考了大量文献资料，并将其中对本书内容帮助较大的、有选择性的列于书后参考文献部分，在此向其作者表示由衷的感谢。

由于笔者水平有限，书中难免存在一些不足和疏漏之处，敬请广大读者批评指正。

著　者

2024年1月

目 录

第1章 高级氧化技术及其应用概述

1.1 水环境现状

随着经济的快速发展及人类活动空间和地域的拓展，环境问题日益受到重视。研究表明，超过世界人口总数25%的人口面临水污染带来的健康和卫生问题。在人类发展指数(Human Development Index，HDI)较低的一些非洲和亚洲国家，地表水和地下水的污染引发了严重的水资源短缺问题。水资源危机成为制约人类社会发展的主要因素之一。

我国水资源占世界总淡水储量的6%，但由于人口众多，所以人均水资源占有量仅为世界平均水平的1/4。《中国水资源公报(2022)》的数据显示，2022年，全国用水总量为5 998.2亿立方米。其中：生活用水量为905.7亿立方米，占用水总量的15.1%；工业用水量为968.4亿立方米，占用水总量的16.2%；农业用水量为3 781.3亿立方米，占用水总量的63.0%；人工生态环境补水量为342.8亿立方米，占用水总量的5.7%。随着我国城市化进程的加快，工业用水和城市用水的需求量不断增大，水资源短缺问题日益突出。

《中国生态环境状况公报(2022)》的数据显示：2022年，在全国地表水监测的3 629个国控断面中，Ⅰ～Ⅲ类水质断面占87.9%，劣Ⅴ类水质断面占0.7%；在长江、黄河、珠江、松花江、淮河、海河、辽河七大流域和浙闽片河流、西北诸河、西南诸河主要江河监测的3 115个国控断面中，Ⅰ～Ⅲ类水质断面占90.2%，劣Ⅴ类水质断面占0.4%；在开展水质监测的210个重要湖泊(水库)中，Ⅰ～Ⅲ类水质湖泊(水库)占73.8%，劣Ⅴ类水质湖泊(水库)占4.8%。

我国水体污染的主要来源有工业废水、生活污水和农业排放水等。工业废水主要来自工业生产用料、副产品以及各种中间产物，例如电力、石化、冶金、印染、造纸和制革等企业排放的工业废水，具有量大面广、成分复杂、不易净化和难处理等特点。生活污水主要是指居民在日常生活中产生的各种污水，包括各类洗涤剂、粪便和垃圾，多为无机盐、糖类等有机物以及各种类型的致病菌。在农业生产中，耕种、施肥以及养殖等生产过程产生的有机废物会将大量的有机质带入土壤中，造成地下水污染；降水形成的径流和渗流会将化肥和农药等污染物带入水体中，这会进一步污染江河湖海的水质，造成地表水污染。

水体中的污染物主要分为有机污染物和无机污染物，其中有机污染物是水环境中的主要污染物，危害也最大。这些有机污染物通常具有毒性、内分泌干扰性、致癌性或致突变性，会对人类、动物和水生生物构成严重威胁。许多有机污染物即使在浓度极低时也具有毒性，会对人体造成不可逆的伤害。同时，有机污染物的分解也会消耗大量的溶解氧，使水质变差。

面对日益严重的水污染问题，亟需开发高效的水处理工艺，以安全和环保的方式尽可能廉价地处理这些污染物，并使其达到相应的排放标准。

1.2 基于羟基自由基的高级氧化技术

基于羟基自由基（·OH）的高级氧化技术（Advanced Oxidation Process，AOPs），是20世纪60年代发展起来的一种技术，主要用于处理难降解有机污染物，利用反应中产生的具有强氧化性的羟基自由基，在高温、高压、电、声、光辐照、催化剂等反应条件下，使大分子难降解有机污染物氧化成低毒或无毒的小分子物质。羟基自由基的氧化能力仅次于氟（$E^{\ominus}=2.8$ V），比其他常规氧化物质[如过氧化氢（$E^{\ominus}=1.31$ V）或臭氧（$E^{\ominus}=1.52$ V）]的氧化性强。羟基自由基是一种非常活跃的活性基团，能够和大多数有机物发生反应，基本没有选择性，且反应速率高达$1\times10^{6}\sim1\times10^{9}$ mol/(L·s)。羟基自由基和有机物间进行扩散限速反应，通过剥夺有机物的氢原子或者将氢原子加成到双键上的方式来氧化有机物，将有机物分解为中间产物或者彻底降解为CO_2和H_2O。

该技术在水处理中具有很广阔的应用前景。在某些情况下，当常规处理技术（如混凝、过滤、生物法等）对有机污染物的处理效果不够理想时，采用高级氧化技术作为有机污染物降解的有效替代技术，可以得到更高的处理效率，在常温、常压下即可产生足够的羟基自由基来氧化有机污染物。

基于羟基自由基的高级氧化技术可利用·OH的高活性驱动氧化过程。·OH可以由一种或几种物质（如臭氧、过氧化氢）在原位产生，也可以在化学氧化过程中利用辐射辅助源（如超声波、紫外线、可见光和热）产生。此外，·OH还可以通过γ辐射、微波、脉冲电子束和高铁酸盐试剂产生。在一定反应条件下，具有强氧化电势的·OH可以攻击各种有毒的污染物。研究表明，基于羟基自由基的高级氧化技术可以降解可溶性有机污染物[如卤代烃（三氯乙烷、三氯乙烯）、芳香族化合物（苯、甲苯、乙苯、二甲苯）、挥发性有机化合物（Volatile Organic Compounds，VOCs）、五氯苯酚、硝基苯酚、洗涤剂和农药等]，也可去除无机污染物（如氰化物、硫化物和亚硝酸盐等）。

根据自由基产生方式的不同，可将基于羟基自由基的高级氧化技术分为光催化氧化法、水热氧化法、电化学氧化法和Fenton氧化法等。其中，Fenton氧化法是目前研究和应用最为广泛的一种方法，已在有机废水处理等领域得到应用。

与其他高级氧化技术相比，Fenton氧化法具有易于操作、不消耗外界能量、反应条件温和的优点。根据反应体系中催化剂的存在形式的不同，Fenton氧化法可以分为均相Fenton反应和非均相Fenton反应两类。

1.2.1　均相 Fenton 反应

1894 年，英国化学家亨利·芬顿(H. J. H. Fenton)发现了 Fenton 反应，并报道了 H_2O_2 可被铁盐活化以氧化酒石酸。然而，Fenton 氧化法直到 20 世纪 60 年代末才被用于去除有机污染物。研究人员对这种经典反应的兴趣重新开始于 1990 年左右。近年来，由于 Fenton 氧化法在污水处理中的应用越来越广泛，所以对其进行的相关研究仍在继续。

Fenton 反应是指过氧化物(主要是 H_2O_2)在酸性条件下由亚铁离子催化产生羟基自由基，反应式为

$$H_2O_2 + Fe^{2+} \longrightarrow \cdot OH + OH^- + Fe^{3+} \quad k = 53 \sim 76\ mol/(L \cdot s) \tag{1.1}$$

羟基自由基可以从碳氢化合物中获得氢原子来补偿它们缺失的氢原子。O—H 键的键能为 109 kcal/mol(1 cal=4.186 J)，从热力学的角度分析，其易于氧化，其他化学键(如有机化合物中的 C—H 键)的键能比 O—H 键的键能低。在反应的第一阶段，污染物降解速度非常快，这是由于溶液中存在含量较高的 Fe^{2+}，使得羟基自由基快速生成，与污染物进行反应[见式(1.1)]。在反应的第二阶段，由于 Fe^{2+} 的消耗和 Fe^{3+} 的生成，所以反应速率将会降低。这是因为 Fe^{3+} 和 H_2O_2 反应产生过氧化氢自由基($\cdot O_2H$)($E^{\ominus} = 1.65$ V)。与 $\cdot OH$($E^{\ominus} = 2.73$ V)相比，$\cdot O_2H$ 的氧化性较弱，产率较低，反应式为

$$H_2O_2 + Fe^{3+} \longrightarrow \cdot O_2H + Fe^{2+} + H^+ \quad k = 0.01\ mol/(L \cdot s) \tag{1.2}$$

均相 Fenton 反应已被广泛应用于处理工业废水。例如，波兰南部化工杀虫剂降解，开罗东南部 El Nasr 制药工业抗生素降解，巴西的制革工业废水处理。应用 Fenton 氧化法，可使工业废水的毒性显著降低，可使生物降解性、色度、化学需氧量、生化需氧量、总悬浮固体、油脂和气味均得到改善。当然，这些方法也具有一定的复杂性，污水处理后需要进行酸碱中和，增加了处理工序。此外，由于均相 Fenton 法中 H_2O_2 的消耗量大，所以其在世界上欠发达国家中的应用受到限制；处理过程中产生的大量含铁污泥需要额外的处理与处置；由于该反应通常在酸性条件下进行，所以易腐蚀容器；反应后向环境中排入大量的铁离子，且铁离子回收困难。

综上所述，开发用于降解废水中有机污染物的非均相催化剂势在必行。非均相催化剂在液体产物中更易分离，且具有无腐蚀性和环境友好性。

1.2.2　非均相 Fenton 反应

为了克服均相 Fenton 反应的缺点，提高催化剂重复利用效率，减少反应过程中产生的铁泥量，研究人员提出将铁离子固定在载体上，使用固相催化剂与 H_2O_2 组成非均相体系，用于处理难降解有机污染物。由于非均相 Fenton 体系不仅能够在更宽的 pH 范围内进行氧化反应，同时可减少处理后残留的高剂量铁离子，而且固相催化剂更易于分离，催化剂的利用率得到了提高，避免了传统均相 Fenton 反应过程中产生大量污泥的缺点，所以，非均相 Fenton 反应成为研究热点。

在非均相 Fenton 反应中，只有催化剂表面存在的一小部分铁参与反应，这导致与均相 Fenton 反应相比，其反应速率较低。均相 Fenton 反应仅是试剂和污染物之间的化学反应，但在非均相 Fenton 反应中，除化学反应之外，催化剂表面的物理过程也对反应结果产生影响。在非均相 Fenton 反应中，可能存在以下三种反应机制：①污染物通过化学吸附到催化剂表面；②铁浸到反应溶液中；③过氧化氢与催化剂表面上的铁物质发生反应，分解生成羟

基自由基,使过氧化氢转化为羟基自由基。因此,潜在的传质限制会影响反应速率。在非均相 Fenton 反应中,铁离子可以从催化剂中浸出。这种现象不仅会导致催化剂失活,而且会造成金属离子的二次污染。

为了克服均相 Fenton 反应和非均相 Fenton 反应的缺点,研究者对 Fenton 反应工艺的改进给予了高度关注。例如:使用一些其他种类的均相/非均相催化剂(如 Fe^{3+}、Cu^{2+}/Cu^{+}、电气石、黄铁矿和纳米零价铁等)来代替 Fe^{2+};通过用固体催化剂代替 Fenton 试剂中的 Fe^{2+},可以提高催化剂的活性,从而更好地降解有机污染物。

1.3 基于硫酸根自由基的高级氧化技术

经过专家、学者数十年的研究,基于羟基自由基(·OH)的高级氧化技术得到了广泛应用。·OH 具有较高的氧化还原电位(1.8~2.8 eV),能够无选择性地氧化水中的大部分有机物。但是,·OH 的半衰期较短(20 ns),与目标污染物接触时间有限,并且其氧化能力对反应体系的 pH 有很高要求(在酸性条件下氧化性较强,而在中性和碱性条件下氧化性较弱),这些严重限制了以 ·OH 为核心的高级氧化技术的进一步推广应用。相比于 ·OH,硫酸根自由基(SO_4^-·)在中性条件下具有更高的氧化还原电位(2.5~3.1 eV),对 pH 的适应范围更宽,氧化选择性更强,并且具有更长的半衰期(30~40 μs),可以延长与目标污染物的持续接触时间,从而能够最大限度地降解水体中的难降解有机污染物。

SO_4^-·的产生主要通过催化过硫酸盐(Persulfate,PS)和过硫酸氢盐(Peroxymonosulfate,PMS)来实现。过硫酸根及过硫酸氢根的化学结构式如图 1.1 所示,过硫酸根($S_2O_8^{2-}$)的结构有很好的对称性,其中的 O—O 键较难断裂,催化反应较难进行,而过硫酸氢根(HSO_5^-)结构的对称性较差,O—O 键的键能较低,更容易被催化。常见的催化 PMS 的手段包括加热、超声波(Ultrasonic,US)催化、紫外线(Ultraviolet,UV)照射催化以及过渡金属(离子态及氧化物)催化等。

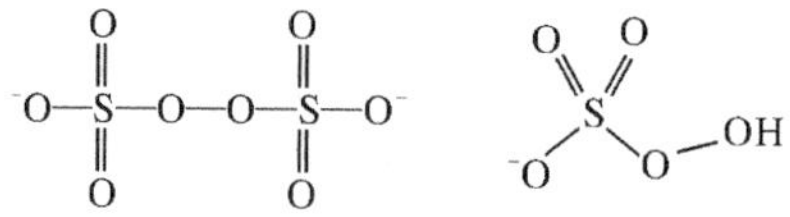

$S_2O_8^{2-}$　　　　HSO_5^-

图 1.1 过硫酸根及过硫酸氢根的化学结构式

1.3.1 紫外线照射催化

在紫外线照射条件下,PMS 比过氧化氢更易被活化产生自由基。PMS 的分解产物主要为硫酸盐,对人体无毒、无害,本身可以作消毒剂使用。

研究表明,UV/PMS 工艺可以有效降解水中的大多数有机污染物。Verma 等人用 UV 活化 PMS 降解水中的鱼腥藻毒素 a,在室温条件下,当 PMS 投加浓度为 22.95 mg/L、紫外线辐照剂量为 403.2 mJ/cm^2 时,鱼腥藻毒素 a 的降解率为 98.6%。Xu 等人采用 UV/PMS 工艺氧化降解水中的蔗糖素,反应遵循准一级动力学,SO_4^-·和·OH 均参与降解反应,当 PMS 投加浓度为 3.78 mmol/L、蔗糖素初始浓度为 0.126 mmol/L 时,反应 60 min 后,蔗糖素几乎被完全降解。Huang 等人采用 UV/PMS 工艺降解邻苯二甲酸二酯,当温度为 20 ℃、pH 为

7、邻苯二甲酸二酯初始浓度为 100 mg/L、PMS 与邻苯二甲酸二酯的物质的量之比为 200∶1 时，仅用 35 min 就能将邻苯二甲酸二酯完全降解。Cui 等人采用 UV/PMS 工艺降解水中 12 种痕量磺胺类抗生素，结果发现：磺胺胍、磺胺嘧啶、磺胺甲基嘧啶、磺胺二甲嘧啶、磺胺噻唑、磺胺对甲氧嘧啶钠和磺胺地索辛等抗生素仅在紫外线或者 PMS 单独作用下就能被有效降解；而对于磺胺、磺胺乙嘧啶、磺胺甲噁唑（Sulfamethoxazole，SMX）、磺胺索唑和磺胺氯，即使将紫外线辐照时间延长至 30 min，或者将 PMS 投加浓度提高至 5 mg/L，这两种方式均不能有效降解这 5 种抗生素。相比于紫外线或 PMS 单独氧化作用，UV/PMS 工艺不但能快速且有效降解磺胺类抗生素，而且能大大减少 PMS 的用量。实验表明，在 UV/PMS 作用下，12 种磺胺类抗生素均可在 5 min 内完全降解，且在该过程中，PMS 投加浓度仅为 1 mg/L。

1.3.2 过渡金属均相催化

过渡金属活化手段具有可重复利用、无须提供外加能量等优势，因而备受关注。由于过渡金属元素具有 $(n-1)d^{1\sim10}\ ns^{1\sim2}$ 的价电子层结构，其中心同时具有被电子占据的和空的 d 轨道，所以这些金属中心既具有亲电性也具有亲核性，降低了 PMS 与污染物反应所需的活化能，从而起到催化作用。已经证实，过渡金属元素中 d 区的铬、钴、铁、锰、镍以及 ds 区的铜，都具有 PMS 催化活性[见式(1.3)～式(1.5)]。

$$\equiv M^{n}+HSO_5^- \longrightarrow \equiv M^{n+1}+SO_4^- \cdot +OH^- \tag{1.3}$$

$$SO_4^- \cdot +OH^- \longrightarrow SO_4^{2-} + \cdot OH \tag{1.4}$$

$$\equiv M^{n+1}+HSO_5^- \longrightarrow \equiv M^{n}+SO_5^- \cdot +H^+ \tag{1.5}$$

1.3.3 过渡金属非均相催化

虽然过渡金属均相催化 PMS 有着较高的降解能力，但是，均相催化中的过渡金属离子难以有效回收，这不仅会增加废水处理的成本，还可能导致水体二次污染。因此，非均相催化体系越发引起国内外专家、学者的关注，并逐渐成为过渡金属催化一个新的发展方向。非均相催化以固相过渡金属及其氧化物为催化剂，可以克服均相催化体系中催化剂难以回收、水体被过渡金属离子二次污染、催化剂难以重复利用等缺点。然而，与均相催化相比，非均相催化剂由于活性位点较少，催化能力相对较低，所以研发经济、高效的非均相催化剂成为研究热点。

(1)钴系催化剂

早在 2004 年，Anipsitakis 等人即研究了 Co^{2+}、Fe^{3+}、Mn^{2+} 等九种过渡金属离子催化 PMS 降解 2,4-二氯苯酚的效果。研究表明，Co^{2+} 对 PMS 表现出最好的催化效果，因此，对钴系催化剂的研究开展最早，也相对比较完善。

钴共有 CoO、CoO_2、CoO(OH)、Co_2O_3 以及 Co_3O_4 五种氧化物，其中，CoO、Co_2O_3 以及 Co_3O_4 表现出了对 PMS 的催化能力。Dionysiou 团队首次对 CoO 以及 Co_3O_4（由 CoO 和 Co_2O_3 构成）的催化性能进行了探究，发现只有 Co_3O_4 表现出了非均相催化特性。深入研究表明，反应体系中的 pH 对 Co^{2+} 溶出有很大的影响，在酸性条件下，Co_3O_4 缓慢溶解入水中，2 h 后 Co^{2+} 浓度达到 0.73 mg/L，而在中性条件下，Co^{2+} 浓度仅为 0.07 mg/L。Dionysiou 等人认为 Co_3O_4 中的 CoO 组分是 Co^{2+} 的溶出主体，Co_3O_4 在中性条件下更加稳定。Deng 等人先通过模板法制备出了有序介孔 Co_3O_4 纳米材料，再将其用于催化 PMS 降解氯霉素，并与普通纳米 Co_3O_4 材料的催化效果做了比较。结果表明，以有序介孔 Co_3O_4 为催化剂，25 ℃下，氯霉素浓度为30 μmol/L，氧化剂浓度为 1 mmol/L，催化剂投加浓度为 0.1 g/L，pH 为7.0，反应60 min后，氯霉素的降解率达到 99.22%，而在相同条件下，无介孔结构的纳米 Co_3O_4 对氯霉素的降解率仅为 58.38%。这是因为，有序介孔 Co_3O_4 具有更大的比表面积，增强了对氯霉素的吸附能力，也为 PMS 提供了更多活性位点。同时，有序的介孔通道加速了内分子转移，从而起到加速反应的作用。不仅如此，有序介孔 Co_3O_4 纳米材料在反应体系中溶出的 Co^{2+} 浓度仅为 77.74 μg/L，远低于《地表水环境质量标准》(GB 3838—2002)中规定的1 000 μg/L。

由于 Co^{2+} 对人体具有强致癌作用，所以为了降低钴系催化剂对环境造成的二次污染，增强催化剂的可回收性，可尝试将钴系催化剂负载于具有较大比表面积、高机械强度和良好化学稳定性的固体载体上。现今研究的载体主要包括以 MgO、ZnO、TiO_2 为代表的金属氧化物载体，以活性炭、石墨、石墨烯为代表的碳基载体，以及金属-有机框架(Metal-Organic Frameworks，MOFs)材料、沸石、分子筛等其他载体。Zhang 等人通过浸渍法将 Co_3O_4 分别固定在 MgO、ZnO、Al_2O_3、ZrO_2、TiO_2 五种金属氧化物上，并分别比较其催化 PMS 降解亚甲基蓝的效果，发现以 MgO 为载体的催化剂表现出最好的催化效果，在 7 min 内即完全脱色。MgO 载体不仅分散了 Co_3O_4 颗粒分布，降低了 CO^{2+} 的溶出率(1%～2%)，更重要的是其表面主要由 Mg—OH 基团组成，这种结构可以促进 $CoOH^+$ 的形成，而 $CoOH^+$ 正是生成 SO_4^- • 的关键反应物，这也是 MgO 载体的催化性能优于其他金属氧化物载体的主要原因。金属-有机框架(MOFs)材料是金属离子或金属簇与有机配体通过配位键自组装形成的新兴材料，具有大比表面积、规整的孔道结构、可调的孔尺寸以及丰富的催化活性点位等优点，因而在催化领域具有广阔的应用前景。Zeng 等人通过水热法将 Co_3O_4 负载于 MOFs 材料中，形成 Co_3O_4@MOFs 核壳材料，并将其用于催化 PMS 降解四氯酚。研究表明，Co_3O_4@MOFs 核壳材料的催化效率约为普通纳米 Co_3O_4 材料的 1.7 倍，而前者的 Co^{2+} 溶出率仅为后者的 10%左右。Lin 等人将纳米 Co_3O_4 负载于磁性碳上，并考察其对苋菜红的催化降解效果。结果表明，在10 min内，苋菜红即完全降解。通过对比实验发现，磁性碳负载纳米 Co_3O_4 的催化能力与直接投加等量 Co^{2+} 的催化能力几乎相同，但 Co^{2+} 的溶出浓度仅为 0.07 mg/L，并且通过外加磁场实现了催化剂的快速分离。

(2)铁系催化剂

虽然通过负载等手段可以大幅度降低 Co^{2+} 的溶出率，但实际废水成分复杂，使用钴系催化剂仍然存在安全隐患。铁元素是地壳中含量第四丰富的元素，相比于钴元素，具有环境友好、易通过磁性快速分离、廉价、易得等优势，可作为催化 PMS 的替代元素。近年来，诸多学者对铁系催化剂催化 PMS 降解有机物的可行性及机理进行了研究。

铁的氧化物中，Fe_3O_4、$\gamma-Fe_2O_3$、$\alpha-Fe_2O_3$ 以及零价铁(Zero-Valent Iron，ZVI)已被证明对 PMS 具有催化作用 。Sun 等人将 ZVI 固定在碳球内，形成 Fe^0@CS 核壳结构，并探究了其对苯酚的催化降解效果。研究表明，30 ℃下，10 min 时苯酚的降解率达到 99%，催化效率远高于未负载的 Fe_3O_4 以及 Fe_2O_3。Fe^0@CS 核壳结构的高催化效率主要归因于纳米尺度的多孔碳球外壳，这种结构对反应基质具有更高的吸引力，反应基质在活性铁的表面形成局部高浓度区，从而提高了反应速率，同时核壳结构还可以减少活性铁的流失。Gong 等人利用铁-活性炭纤维核壳结构(Fe@ACFs)催化降解染料活性艳红，并比较了 PMS 与 H_2O_2 两种氧化剂的降解效率。研究结果表明：Fe@ACFs/PMS 体系的反应速率常数为 0.348 4 min^{-1}，而 Fe@ACFs/H_2O_2体系的反应速率常数仅为 0.050 0 min^{-1}；在活性艳红降解率相同的条件下，PMS 的消耗量仅为 H_2O_2 的一半，以 PMS 为氧化剂的高级氧化技术表现出了更高的降解效率。

(3)锰系催化剂

除了钴和铁，锰也具有催化 PMS 的能力。与其他材料相比，纳米级的锰系氧化物(MnO、Mn_3O_4、MnO_2、Mn_2O_3)具有性质稳定、成本低廉、催化效率高、价态多样和环境友好等优势，因此引起了众多学者的关注。

锰系氧化物催化 PMS 的效果主要取决于不同的反应价态体系(Mn^{2+}/Mn^{3+}氧化还原体系或 Mn^{3+}/Mn^{4+}氧化还原体系)。Saputra 等人比较了 $\gamma-Mn_3O_4$、$\alpha-Mn_2O_3$、$\gamma-MnO_2$ 以及 MnO 四种锰系氧化物催化 PMS 降解苯酚的效果。结果如图 1.2 所示，各催化剂的催化效果顺序为 $\alpha-Mn_2O_3$＞MnO＞$\gamma-Mn_3O_4$＞$\gamma-MnO_2$，所对应的苯酚降解率分别为 100.0%、90.0%、66.4%和 61.5%，$\alpha-Mn_2O_3$ 对 PMS 表现出了最好的催化活性。基于上述实验结果，综合考虑催化效果、催化剂制备成本等条件，Wang 等人对三种不同晶型 MnO_2($\alpha-MnO_2$、$\beta-MnO_2$以及 $\gamma-MnO_2$)催化 PMS 降解苯酚的效果进行了研究，发现催化剂激活产生$SO_4^{-}\cdot$的效率与催化剂表面积以及晶体结构有关，$\alpha-MnO_2$ 表现出了最高的催化活性以及最好的稳定性。Saputra 等人比较了不同形貌 $\alpha-Mn_2O_3$ 对 PMS 的催化效果，通过溶剂热法和水热法制得立方体、截断八面体以及八面体三种形貌的 $\alpha-Mn_2O_3$，它们对 PMS 的催化活性顺序为立方体＞八面体＞截断八面体，推测立方体结构 $\alpha-Mn_2O_3$ 的催化活性高于其他两种结构源自其最大的比表面积和孔容积。

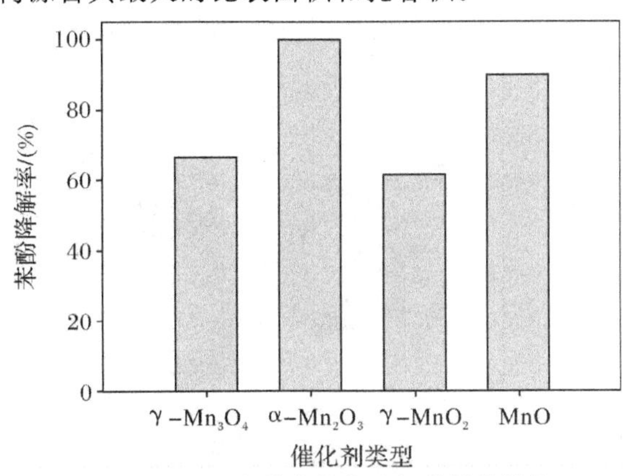

图 1.2　锰系氧化物催化降解苯酚的效能

(4)二元复合催化剂

虽然锰、铁等环境友好型过渡金属元素可以代替钴元素作为 PMS 的催化剂，但是相比于均相钴催化剂，锰、铁等元素的一元非均相催化剂的催化效率仍然较低，需要通过增加催化剂投加量、提高氧化剂浓度、延长反应时间等手段达到与均相钴催化剂相同的催化效果，而通过碳负载等手段来提高催化剂的催化活性，又极大地增加了催化剂的制作成本，这显然不利于锰、铁等元素非均相催化剂的进一步应用。随着研究的不断深入，研究人员发现，以两种过渡金属为核心所构造的二元催化剂的催化效果高于任何一种组成元素的一元催化剂，可以达到“1＋1＞2”的效果，这成为近几年新兴的研究热点。

Feng等人以改性水热法制备出了纳米 $CuFeO_2$，催化PMS降解磺胺嘧啶，并与 Cu_2O∶Fe_2O_3＝1∶1(物质的量比)的混合催化剂做了对比。结果表明，20 min时，以 $CuFeO_2$ 为催化剂即可实现磺胺嘧啶的完全降解，而 Cu_2O 和 Fe_2O_3 的混合催化剂在反应30 min时才能达到相同的降解效果，证明二元催化剂能够提高催化活性的原因并不是单纯的机械混合，而是晶体层面连接在一起的两种核心元素间的化学键作用。在众多过渡金属氧化物中，Fe_3O_4 由于具有低廉的制作成本和极强的可回收性等优势，所以极具复合潜力，已成为研究热点。Nie等人在 Fe_3O_4 合成过程中加入铜，合成了 $Cu^0-Fe_3O_4$ 复合催化剂，并将其用于催化PMS降解罗丹明B。结果表明，$Cu^0-Fe_3O_4$ 的催化效果是纯 Fe_3O_4 的4倍。Wan等人以 $Fe_3O_4-Mn_3O_4$ 复合材料作为非均相Fenton催化剂氧化降解水中的磺胺类抗生素，50 min时，磺胺类抗生素的降解率超过99%，并且单独使用 Fe_3O_4 或 Mn_3O_4 作为催化剂时，对磺胺类抗生素的降解率均较低，这表明 Fe_3O_4 和 Mn_3O_4 在催化过程中具有协同效应。刘杰以 $FeSO_4\cdot7H_2O$ 和 $KMnO_4$ 为原料制备出磁性 Fe_3O_4@MnO_2 核壳结构催化剂，催化PMS降解4-氯酚，反应30 min即可达到97.7%的降解率。其他反应条件不变，单独使用 Fe_3O_4 作为催化剂，4-氯酚浓度几乎没有变化，而单独使用 MnO_2 作为催化剂，4-氯酚的降解率为75%。通过傅里叶变换衰减全反射红外光谱法(Attenuated Total Reflection Flourier Transformed Infrared Spectroscopy，ATR-FTIR)检测等手段分析，进一步提出了 Fe_3O_4@MnO_2 二元催化剂的协同机理(见图1.3)。同时，Fe_3O_4@MnO_2 核壳材料弥补了 Fe_3O_4 催化效果差以及 MnO_2 无磁性且难以从水相中快速分离的缺点，更符合实际工程应用要求，在处理工业及医药废水中展现出巨大的应用潜力。除Fe-Mn二元催化剂以外，近几年，研究人员还对其他二元催化剂催化PMS降解不同污染物进行了研究(见表1.1)，并得到了类似的结论。这些研究结果表明，二元非均相催化剂催化PMS具有十分广阔的应用前景。

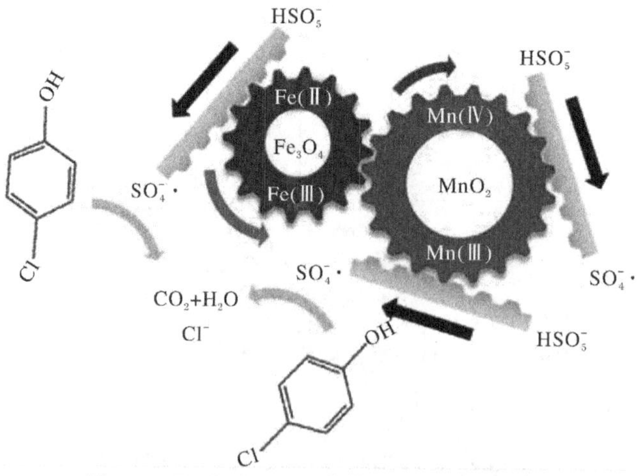

图1.3 Fe_3O_4@MnO_2 催化PMS的分解路径

表 1.1　多种二元复合催化剂催化 PMS 降解不同污染物

二元复合催化剂		污染物种类	反应条件	反应时间/min	降解率/(%)
Cu-X	Cu^0/Fe_3O_4	罗丹明 B	温度 25 ℃,罗丹明 B 浓度 20 μmol/L,PMS 浓度 0.5 mmol/L,催化剂投加浓度 0.1 g/L,pH=7.0	30	100
	Cu_2O/Fe_2O_3	磺胺甲噁唑	温度 25 ℃,磺胺甲噁唑浓度 1.6 mg/L,PMS 浓度 40 mg/L,催化剂投加浓度 0.4 g/L,pH=6.8	180	100
	CuO/CeO_2	苯酚	温度 25 ℃,苯酚浓度 50 mg/L,PMS 浓度 0.75 mmol/L,催化剂投加浓度 1 g/L,pH=7.0	60	100
	$CuFe_2O_4$	四溴双酚 A	温度 25 ℃,四溴双酚 A 浓度 10 mg/L,PMS 浓度 0.2 mmol/L,催化剂投加浓度 0.1 g/L	15	99
	$CuFe_2O_4$	邻苯二甲酸二丁酯	温度 25℃,邻苯二甲酸二丁酯浓度 2 μmol/L,PMS 浓度 0.02 mmol/L,催化剂投加浓度 0.1 g/L,pH=7.0	30	62
Co-X	$CoFe_2O_4$	邻苯二甲酸二丁酯	温度 25 ℃,邻苯二甲酸二丁酯浓度 2 μmol/L,PMS 浓度 0.02 mmol/L,催化剂投加浓度 0.1 g/L,pH=7.0	30	81
	$CuCo_2O_4$	磺胺二甲嘧啶	温度 20 ℃,磺胺二甲嘧啶浓度 5 mg/L,PMS 浓度 20 mg/L,催化剂投加浓度 0.04 g/L,pH=7.7	30	98
	$CoFe_2O_4$	扑热息痛	温度25 ℃,扑热息痛浓度 0.066 mmol/L,PMS 浓度 0.2 mmol/L,催化剂投加浓度 0.3 g/L,pH=4.3	30	100
	$CoMn_2O_4$	罗丹明 B	温度 25 ℃,罗丹明 B 浓度 30 mg/L,PMS 浓度 0.2 g/L,催化剂投加浓度 0.02 g/L,pH=6.29	80	100
Bi-X	$CuBi_2O_4$	苯骈三氮唑	温度 25 ℃,苯骈三氮唑浓度 2.5 mg/L,PMS 浓度 0.05 g/L,催化剂投加浓度 0.5 g/L,pH=7	30	100
	$Bi_2Fe_4O_9$	磺胺甲噁唑	温度 25 ℃,磺胺甲噁唑浓度 20 μmol/L,PMS 浓度 0.4 mmol/L,催化剂投加浓度 0.1 g/L,pH=3.8	30	>95

第 2 章　Fe(Ⅱ)/过硫酸氢盐氧化体系去除水中藻类的实验研究

2.1　引　　言

近年来，在高藻水净化的研究实践中，基于硫酸根自由基(SO_4^- ·)和羟基自由基(·OH)的高级氧化技术(AOPs)作为新兴的预氧化策略被提出，用于混凝或气浮工艺前藻细胞的有效灭活和藻源性有机质(Algogenic Organic Matters，AOMs)的去除。和·OH 相比，SO_4^- ·可能是更合适的。众所周知，SO_4^- ·的半衰期更长，并且在中性或碱性溶液中与有机物发生反应的选择性更高，而该操作环境与天然地表水的实际 pH 相符。通常，过硫酸氢盐(PMS)和过硫酸盐(PS)均可通过 UV、热、超声波、活性炭或过渡金属等方式活化产生 SO_4^- ·，其中基于过渡金属的活化凭借较低的成本和易于应用的优势，被认为是最具前景的活化途径之一。一些研究采用 Fe(Ⅱ)/PS 过程处理高藻水，发现基于 SO_4^- ·的预氧化及原位形成的 Fe(Ⅲ)在同时氧化和混凝藻细胞中起着关键作用，但是将 Fe(Ⅱ)/PMS 过程应用于高藻水净化的研究还鲜有报道。值得注意的是，这两种氧化剂之间存在着显著差异，如被活化的难易程度及氧化能力，这可能导致高藻水处理效能的不同。

为了进一步提高除藻效能且保证一定程度藻类灭活，同时避免显著的细胞裂解，最完美的氧化策略应当是快速和适度的。同 PS 及 H_2O_2 相比，PMS 具有普遍的活化特性和相对较低的氧化能力，因此有可能成为更好的替代氧化剂。此前，还未有关于使用 PMS 辅助传统 Fe(Ⅱ)混凝，在一个同步氧化/混凝的过程中去除蓝藻细胞的研究，而采用基于 Fe(Ⅱ)活化的 AOPs 过程处理高藻水的强化机制也未被详细报道过。

为应对含藻地表水的处理，本章旨在探索一种可供选择的膜前预处理工艺，PMS 被首次用作一种适度的氧化剂以辅助 Fe(Ⅱ)混凝-沉淀过程，强化对铜绿微囊藻(属蓝藻门)和 AOMs 的去除。在耦合的 Fe(Ⅱ)/PMS 过程中，Fe(Ⅱ)基于自身的高活性、无污染性和作为传统混凝剂应用的普遍性，是一种理想的活化剂。本章研究的具体目标：①调查 PMS 强化Fe(Ⅱ)混凝-沉淀过程对藻细胞和 AOMs 的降解效能；②优化 Fe(Ⅱ)和 PMS 剂量并评价各自在Fe(Ⅱ)/PMS 过程中的作用；③通过综合评价藻细胞完整性、微囊藻毒素- LR(Microsystin - LR，MC - LR)释放的控制、残留 Fe 水平及消毒副产物生成势(Disinfection by-Products Formation Potential，DBPFP)，讨论应用该工艺的安全性；④从 Fe 晶体和藻絮体角度揭示基于 Fe(Ⅱ)活化 PMS 同步氧化/混凝过程处理高藻水的强化机理。

2.2　不同反应体系对铜绿微囊藻的去除效能比较

图 2.1 给出了 Fe(Ⅱ)/H_2O_2、Fe(Ⅱ)/PS 和 Fe(Ⅱ)/PMS 三种基于 AOPs 强化 Fe(Ⅱ)混凝工艺的反应体系对高藻水的去除效能。在没有其他氧化剂投加的条件下，将 90 μmol/L 浓度的单独 Fe(Ⅱ)混凝过程设置为对照组，仅获得了十分有限的高藻水去除效能，OD_{680}(680 nm 波长下测定光密度值)、浊度(Turbidity)和溶解有机碳(Dissolved Organic Carbon，DOC)的去除率分别为 1.7%、0.7%和 2.76%。然而，在对含有 Fe(Ⅱ)的藻悬液分别添加等物质的量的 H_2O_2、PS 和 PMS 进行处理时，经混凝-沉淀过程后观察到，对铜绿微囊藻的去除率大幅提高。值得注意的是，Zeta 电位的变化趋势与铜绿微囊藻的去除效能显著相关(见图 2.1)，这表明藻悬液 Zeta 电位绝对值的降低是强化混凝过程效能提升的重要原因。

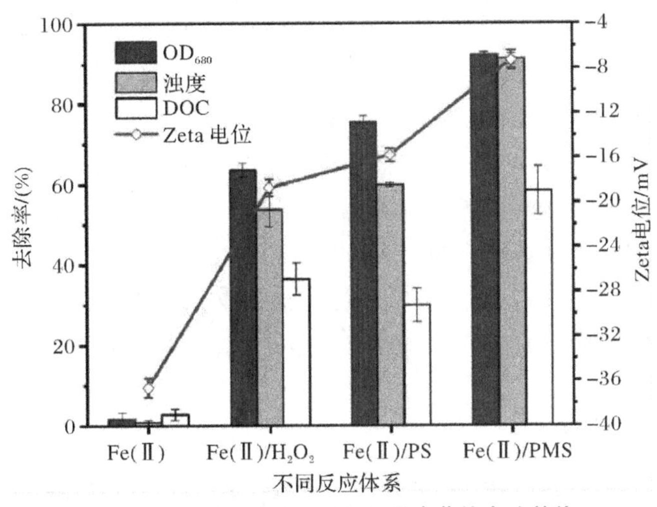

图 2.1　不同反应体系对铜绿微囊藻的去除效能

实验条件：初始藻浓度为 2.0×10^6 cells/mL，初始 pH=8.37，初始 Zeta 电位为−39.77 mV，温度为 25 ℃，Fe(Ⅱ)投加浓度为 90 μmol/L，各氧化剂投加浓度为 50 μmol/L，Fe(Ⅱ)和氧化剂投加时间间隔为 3 min。误差棒表示标准偏差($n=3$)。

引入 H_2O_2、PS 和 PMS 均可大幅强化 Fe(Ⅱ)混凝过程，其中，Fe(Ⅱ)/PMS 体系达到最佳的高藻水处理效能，OD_{680}、浊度和 DOC 的去除率分别达到 92.3%、91.1%和58.3%。同 Fe(Ⅱ)/H_2O_2 及 Fe(Ⅱ)/PS 反应体系相比，Fe(Ⅱ)/PMS 体系中观察到更多、更大的藻絮体以更快的速度沉降。因此，可以认为 PMS 是强化 Fe(Ⅱ)混凝处理高藻水工艺的最佳选择，而对于其性能优于 H_2O_2 或 PS 的原因，有两种可能的解释。首先，基于 SO_4^-・的 AOPs 被认为比基于・OH 的 AOPs 受复杂水基质的影响较小，在自由基清除剂存在的条件下，对某些有机物的去除具有较高的选择性，因此能够减轻混凝负荷，从而有利于藻类细胞的沉降。其次，同 PMS 相比，由于分子结构和特性的不同，Fe(Ⅱ)作为电子供体不易在 3 min内或者在 90 μmol/L 的浓度下活化 H_2O_2 或 PS，所以在 Fe(Ⅱ)/PMS 体系中连续不断地产生大量的 $SO_4^-\cdot$、$\cdot OH$ 以及原位 Fe(Ⅲ)，这促进了藻表面负电荷的中和、细胞的脱稳和絮体的快速成长，这些均有助于提高对 OD_{680}、浊度和 DOC 的去除率。以上工艺过程中所涉及的主要反应如下：

$$Fe(II) + H_2O_2 \longrightarrow Fe(III) + OH^- + \cdot OH \tag{2.1}$$

$$Fe(II) + \cdot OH \longrightarrow Fe(III) + H_2O \tag{2.2}$$

$$Fe(II) + S_2O_8^{2-} \longrightarrow Fe(III) + SO_4^{2-} + SO_4^- \cdot \tag{2.3}$$

$$Fe(II) + HSO_5^- \longrightarrow Fe(III) + SO_4^- \cdot + OH^- \tag{2.4}$$

$$SO_4^- \cdot + OH^- \longrightarrow SO_4^{2-} + \cdot OH \tag{2.5}$$

$$\cdot OH + SO_4^{2-} \longrightarrow SO_4^- \cdot + OH^- \tag{2.6}$$

$$Fe(II) + SO_4^- \cdot \longrightarrow Fe(III) + SO_4^{2-} \tag{2.7}$$

$$cell + \cdot OH/SO_4^- \cdot \longrightarrow cell** + AOMs \tag{2.8}$$

通过依次引入 Fe(Ⅱ)和氧化剂，可以建立三种基于 AOPs 的反应体系，由于这三种反应体系均可形成充足的 $SO_4^-\cdot$、$\cdot OH$ 和原位 Fe(Ⅲ)，三者都有利于藻类细胞的脱稳和去除。如式(2.8)(cell ** 表示氧化失活细胞)所示，产生的自由基可以很好地灭活藻细胞，这有利于其通过混凝过程被去除。在先前的研究中，$KMnO_4$、UV/H_2O_2 和 UV/PS 等工艺通常作为预氧化手段介入，这些过程对后续混凝-沉淀工艺而言是相对独立和分离的，这可能导致较长的接触时间。本章研究中，Fe(Ⅱ)和氧化剂(H_2O_2、PS、PMS)的连续投加策略建立了一个复合过程，Fe(Ⅱ)充当混凝剂和活化剂的双重角色，并且与氧化和混凝过程同步发生。因此，基于 AOPs 的强化Fe(Ⅱ)混凝工艺，尤其是 Fe(Ⅱ)/PMS 体系，在对高藻水处理方面显示出巨大优势。

2.3 Fe(Ⅱ)/PMS 体系中 Fe(Ⅱ)浓度对铜绿微囊藻去除的贡献

图 2.2 表明了初始 Fe(Ⅱ)浓度在 0～180 μmol/L 范围时对 PMS 强化 Fe(Ⅱ)混凝工艺除藻效能的影响。当初始 Fe(Ⅱ)浓度为 0 或 30 μmol/L 时，观察到 OD_{680}和浊度极低的去除率，证明仅投加 PMS 无法有效去除藻类，且 Fe(Ⅱ)/PMS 工艺在过低的 Fe(Ⅱ)浓度下，对藻的去除效能几乎没有提升。相应地，在该过程中观察到细小而疏松的不良絮体。这充分体现了当 Fe(Ⅱ)发挥 PMS 活化剂和 Fe(Ⅲ)前驱物的双重作用时，初始 Fe(Ⅱ)浓度对藻去除的重要性。低至 30 μmol/L 或更低的初始 Fe(Ⅱ)浓度无法有效激活该过程，可能是由于释放在水中的 AOMs 消耗了投加的 Fe(Ⅱ)。然而，当初始 Fe(Ⅱ)浓度从 30 μmol/L

增加到180 μmol/L时，OD_{680}和浊度的去除率分别从 1.4% 和 1.6% 提高至 98.6% 和 96.2%。值得注意的是，当初始 Fe(Ⅱ)浓度提高至90 μmol/L时，Fe(Ⅱ)/PMS 工艺达到较高的藻去除效能，OD_{680}和浊度的去除率分别为 93.2%和91.5%，而进一步提升初始 Fe(Ⅱ)浓度对效能的提升十分有限。

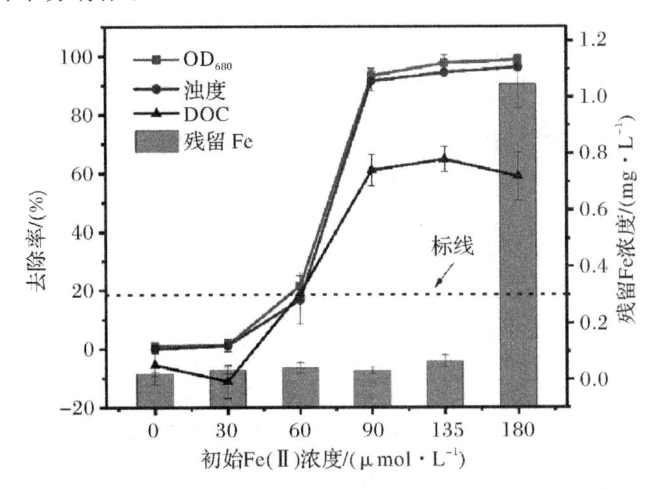

图 2.2　Fe(Ⅱ)/PMS 过程中初始 Fe(Ⅱ)浓度对铜绿微囊藻去除效能的影响及残留 Fe 含量

实验条件：初始藻浓度为 2.0×10^6 cells/mL，初始 pH＝8.21，温度为 25 ℃，PMS 投加浓度为50 μmol/L，Fe(Ⅱ)和 PMS 投加时间间隔为 3 min。误差棒表示标准偏差(n＝3)。

图 2.2 同时给出了不同初始 Fe(Ⅱ)浓度下 DOC 的变化情况。由图 2.2 可知，当初始 Fe(Ⅱ)浓度低于 30 μmol/L 时，Fe(Ⅱ)/PMS 工艺对 DOC 的去除产生不利影响。一项先前的研究指出，在没有明显活化剂存在的条件下，单独的 PMS 也可以与多种化合物直接反应。因此，单独 PMS 处理引起的 DOC 浓度的略微升高可以归因于 AOMs 的解吸。为了强化藻细胞的去除，通过破坏 AOMs 的方式来改变细胞表面特性是必要的，但是会不可避免地带来水基质中 DOC 的升高。Qi 等人采用 9 μmol/L 的 $KMnO_4$ 对高藻水进行预处理时得到了类似的结论，藻悬液中 DOC 含量增加了 4.5%。本章节研究中，初始 Fe(Ⅱ)浓度等于30 μmol/L时 DOC 的去除率为－10.9%，表明在该浓度下，Fe(Ⅱ)/PMS 过程中发生了较高程度 AOMs 的释放。然而，进一步提高初始 Fe(Ⅱ)浓度，DOC 的去除率大幅提高，且当初始 Fe(Ⅱ)浓度为135 μmol/L时，DOC 的去除率达到最高值 64.7%。这是由于在 Fe(Ⅱ)/PMS过程中，即使发生了一定程度 AOMs 的释放，随着初始 Fe(Ⅱ)浓度的提高，会产生大量具有丰富活性表面的原位Fe(Ⅲ)，所以它们可通过吸附作用有效去除 DOC。

图 2.2 还给出了不同初始 Fe(Ⅱ)浓度下 PMS 强化 Fe(Ⅱ)混凝处理后残留 Fe 的浓度。当初始 Fe(Ⅱ)浓度从 0 增加到 135 μmol/L 时，未观察到残留 Fe 浓度的明显增加(始终低于0.1 mg/L)，这可能是由于在实验条件下其与 PMS 的反应充分。另外，当初始投加较少的Fe(Ⅱ)时，Fe(Ⅱ)与 AOMs 之间的吸附和交联也会导致溶液中残留 Fe 浓度维持在较低水平。然而，当初始 Fe(Ⅱ)浓度提升至 180 μmol/L 时，溶液中残留 Fe 浓度出现了陡增并

达到1.05 mg/L，超过《地表水环境质量标准》(GB 3838—2002)中规定的铁的标准限值。考虑经济成本和混凝效率，建议使用 90 μmol/L 作为 Fe(Ⅱ)最佳投加浓度。在此条件下，OD_{680}、浊度和 DOC 的去除率分别达到 93.2%、91.4%和 59.4%，并且残留 Fe 浓度低至0.03 mg/L。

2.4 Fe(Ⅱ)/PMS 体系中 PMS 浓度对铜绿微囊藻去除和细胞完整性的影响

为了更好地平衡藻细胞灭活和有限的细胞破坏的需要，应通过控制 PMS 浓度使铜绿微囊藻暴露于适度氧化环境中。不同 PMS 投加浓度对铜绿微囊藻去除效能及 K^+ 释放的影响如图 2.3 所示。由图 2.3 可知，后续引入的 PMS 在强化 Fe(Ⅱ)混凝除藻过程中起着重要作用，当 PMS 投加浓度从 0 提高至 50 μmol/L 时，OD_{680}、浊度的去除率分别从 1.4%和 2.7%急剧提高至 93.5%和93.2%。这归因于同时氧化和混凝的综合效应。然而，通过对比图 2.2 和图 2.3 中Fe(Ⅱ)和 PMS 在相同投加浓度下的除藻效能，可以发现一个有趣的现象，藻去除率在两图中表现出明显的不一致性。具体地，在大约相同的投药比例[Fe(Ⅱ):PMS=1:1]下，图 2.3 中在90 μmol/L Fe(Ⅱ)和 90 μmol/L PMS 投加浓度下获得了大于 90%的藻去除率，而图 2.2 中在 50 μmol/L Fe(Ⅱ)和 50 μmol/L PMS 投加浓度下的藻去除率不足20%。在相同投药比例下，这种巨大的差异进一步表明了前驱物浓度对激活该过程的重要性。当Fe(Ⅱ)投加浓度低于 90 μmol/L 或 PMS 投加浓度低于 50 μmol/L 时，对藻的去除是不利的。然而，当 PMS 投加浓度≥50 μmol/L时，通过 Fe(Ⅱ)的活化可产生足够多的 SO_4^- · 和 · OH，这是有效灭活藻细胞并破坏 AOMs 保护层的原因，可使蓝藻细胞变得易于脱稳和聚集。同时，Fe(Ⅱ)/PMS 过程中产生了大量的原位 Fe(Ⅲ)，其被认为有着比传统铝盐或预制 Fe(Ⅲ)混凝剂更优异的混凝性能。图 2.3 同时表明，当 PMS 投加浓度在 50~150 μmol/L 的范围内时，对藻细胞的去除率趋于稳定，95.5%的最高效能在 PMS 投加浓度为 120 μmol/L 时获得，但其仅比投加浓度为 50 μmol/L 时的藻去除率(93.4%)提高了 2.2%。然而，当 PMS 投加浓度从 50μmol/L 提高至 150 μmol/L 时，浊度去除方面表现出略微的下降，浊度去除率从 93.2%小幅降低至 89.0%。这是由于过高的 PMS 浓度可造成藻细胞的过度氧化，所以会引起相对严重的细胞破碎，同时，该过程伴随着大量胞内有机质(Intracellular Organic Matter，IOM)的释放。该推测在对基于 K^+ 释放水平表征的细胞破损程度的研究结果中得到了证明(见图 2.3)。据报道，含藻水中增多的有机物(包括 IOM 和 AOMs)可与带正电的混凝剂结合，进而削弱其混凝效能。此外，由于位阻效应，所以水中的有机物也能通过妨碍微粒聚集而影响混凝过程。因此，虽然升高的 PMS 浓度理论上可产生更多的活性自由基去去除 DOC，但同时，这种有益作用会被过度氧化诱导 IOM 释放而产生的抑制作用所抵消。

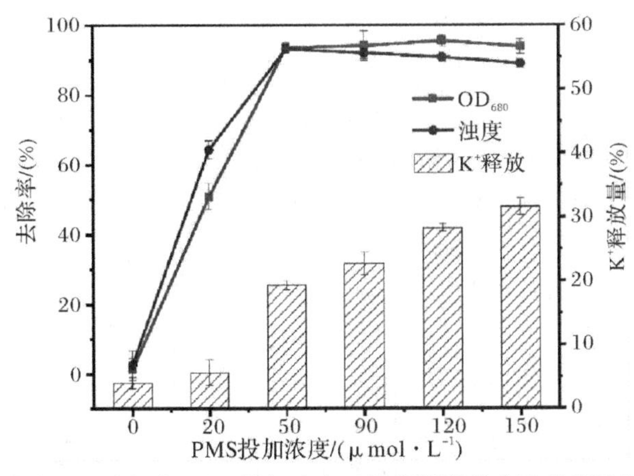

图 2.3　Fe(Ⅱ)/PMS 过程中 PMS 投加浓度对铜绿微囊藻去除效能及 K^+ 释放的影响

实验条件：初始藻浓度为 2.0×10^6 cells/mL，初始 pH＝8.45，温度为 25 ℃，Fe(Ⅱ)投加浓度为90 μmol/L，Fe(Ⅱ)和 PMS 投加时间间隔为 3 min。误差棒表示标准偏差(n＝3)。

对蓝藻细胞而言，K^+ 是合成细胞膜的主要成分，通常认为 K^+ 释放水平可以间接指示外界环境作用对藻细胞的破坏程度。如图 2.3 所示，细胞破损率整体呈单调上升，但在 PMS 投加浓度达到 50 μmol/L 时发生突增，之后继续提高 PMS 投加浓度，细胞破损率适度增长。诸如 Cl_2、O_3、H_2O_2、PS 和 $KMnO_4$ 等化学氧化剂已被报道都具有破坏藻细胞的能力，并且细胞破碎程度明显取决于氧化剂的种类、剂量和接触时间。5.6%轻微的细胞破损率可以解释为低浓度(≤20 μmol/L)PMS 产生的不充分的自由基主要与 AOMs 反应，而不是直接氧化藻细胞。Qi 等人也发现当藻细胞被低浓度的 $KMnO_4$ 攻击时仍可保持其完整性。然而，在 50 μmol/L PMS 投加浓度下，细胞破损率大幅提升至 19.3%，但该水平的细胞破坏是可以接受的，因为它能够显著强化混凝过程，此时 OD_{680} 和浊度的去除率分别达到 93.4%和93.2%。进一步地，PMS 投加浓度在 150 μmol/L 时获得最高的细胞破损率 31.6%，这比先前报道的相关研究中破损程度较低。例如，Gu 等人采用 PS/Fe(Ⅱ)工艺对高藻水进行60 min的处理时获得了 62.6%的细胞破损率。这一结果的差异可以归因于两种工艺氧化能力和接触时间的不同，并且 Fe(Ⅱ)/PMS 工艺的竞争优势在于该过程可以建立一个适度的氧化环境，以有效消除 AOMs，使藻细胞失活而无须裂解细胞。

作为一种单细胞定量分析分选技术，进一步使用流式细胞术(Flow Cytometry，FCM)检测 Fe(Ⅱ)/PMS 处理后藻细胞的完整性。在 FL1 和 FL3 通道分别收集与 SYTOX Green 染色剂和叶绿素 a 对应的荧光强度，并借助 CellQuest 软件将结果呈现在图 2.4 中。live 区域的特征是红色荧光强度(FL3)较强而绿色荧光(FL1)较弱，代表具有完整质膜的蓝藻细胞。对应地，具有相反荧光特征的 dead 区域反映了质膜受损细胞的数量。由图 2.4(a)可知，单独的 Fe(Ⅱ)处理仅造成 5.2%的细胞破裂，主要归因于混凝过程中的搅拌剪切力和原水中藻细胞的自然死亡率，这一结果与相关文献一致。当 PMS 投加浓度为 20 μmol/L 和 50 μmol/L时，藻细胞死亡率分别大幅提高至 9.6%和 25.4%[见图 2.4(b)(c)]。当进一步将 PMS 投加浓度从 90 μmol/L 提高至 150 μmol/L 时，观察到了更显著的细胞破坏，受损细胞比例分别达到 33.2%、35.7%和 41.2%[见图 2.4(d)(e)(f)]。有趣的是，在高浓度的 PMS 下，藻细胞死亡率以及 K^+ 释放量并未大幅增加(见图 2.3)。也就是说，即使在相对较高的氧化剂投加浓度下，Fe(Ⅱ)/PMS 工艺对藻细胞的氧化刺激并不强烈，说明该工艺是应对高藻水处理的一种适度氧化策略。对于这种现象有四种可能的解释。第一，Fe(Ⅱ)/PMS 工艺在近中性的 pH 条件下对藻细胞的氧化能力可能是适中的。第二，本研究中所采用的氧化剂暴露时间比其他文献报道中的短暂。例如，采用 UV/H_2O_2 预氧化强化 Fe(Ⅱ)混凝-沉淀工艺处理高藻水时需要 36 min。然而，当前 PMS 强化 Fe(Ⅱ)混凝-沉淀工艺可在大约 20 min 内达到同等效果。第三，Fe(Ⅱ)/PMS 工艺中固定的 Fe(Ⅱ)浓度(90 μmol/L)限制了高浓度 PMS 的活化，并且中间产生的自由基可被 AOMs 快速消耗。第四，位于完全生长的藻絮体表面的 Fe(Ⅲ)-AOMs-cell 复合物充当保护层，可以阻止内部细胞的完整性受到过度破坏。在 Fe(Ⅱ)/PMS 过程中，PMS 已被证明能够在 5 min 内分解并形成Fe(Ⅲ)和自由基。在该快速反应中，铜绿微囊藻的聚集与基于自由基的氧化同时进行。因此，在中速搅拌阶段即出现许多肉眼可见的大尺寸藻絮体。由于位阻效应，所以疯狂生长的藻絮体群聚物可以减轻内部藻细胞的氧化剂暴露。综上所述，FCM 检测结果与藻细胞的 K^+ 释放情况一致，进一步证明了 PMS 强化 Fe(Ⅱ)混凝-沉淀工艺可作为高藻水处理的一种适度氧化策略，它能获得较高的藻去除效能，且对细胞裂解的影响较小。

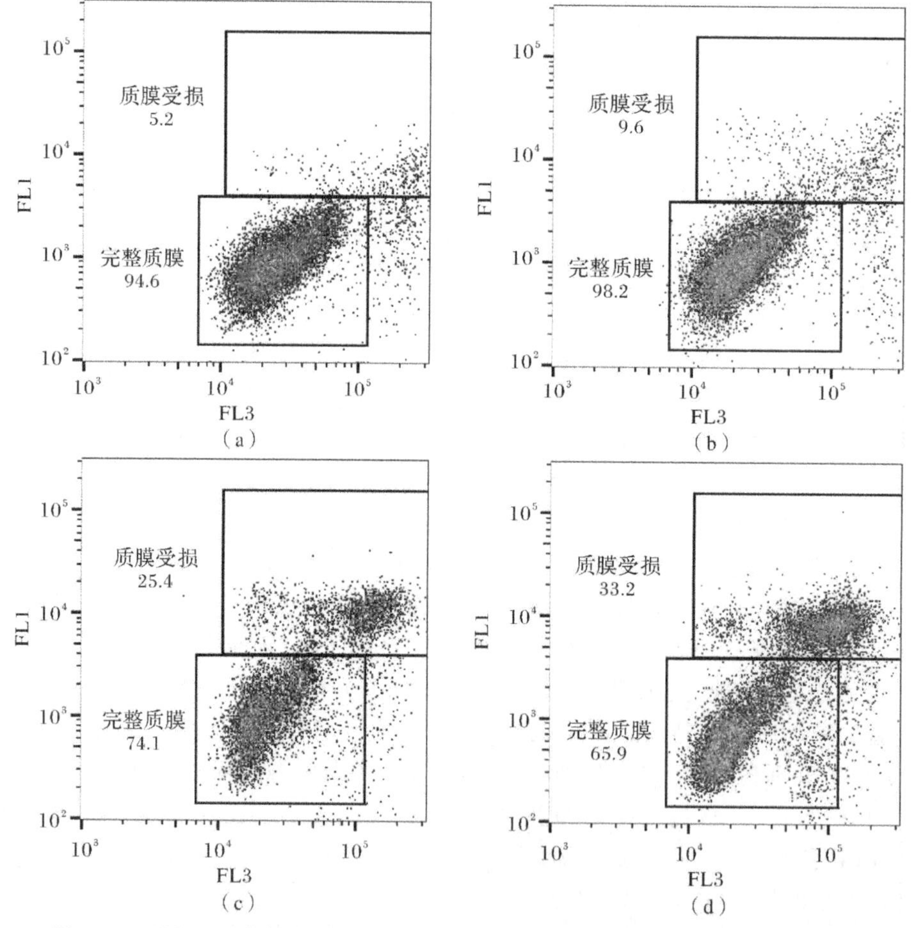

图 2.4 不同 PMS 投加浓度下 Fe(Ⅱ)/PMS 过程后铜绿微囊藻的 FCM 检测结果

(a)0 μmol/L；(b)20 μmol/L；(c)50 μmol/L；(d)90 μmol/L

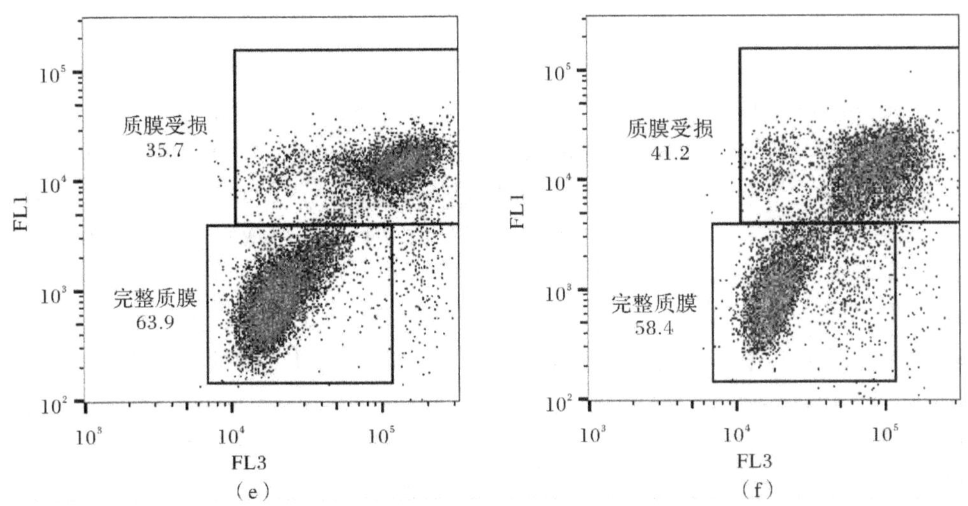

续图 2.4 不同 PMS 投加浓度下 Fe(Ⅱ)/PMS 过程后铜绿微囊藻的 FCM 检测结果

(e)120 μmol/L; (f)150 μmol/L

实验条件:初始藻浓度为 2.0×10^{6} cells/mL,初始 pH=8.45,温度为 25 ℃,Fe(Ⅱ)投加浓度为90 μmol/L,Fe(Ⅱ)和 PMS 投加时间间隔为 3 min。

2.5 AOMs 释放、MC-LR 控制及 DBPFP 的评估

为了获得满意的藻灭活和去除效能,外界氧化刺激将不可避免地导致不同程度的细胞破裂,细胞破裂引起的 MC-LR 与 DBPFP 的升高已被证明与 AOMs 的释放显著相关。因此,评估 Fe(Ⅱ)/PMS 工艺对 MC-LR 控制及 DBPFP 的影响,对确保其实际应用的安全性,具有重要意义。如图 2.5 所示,在 PMS 强化 Fe(Ⅱ)混凝处理高藻水过程中,DOC 和 MC-LR 去除率表现出先迅速上升后缓慢下降的趋势。单独 Fe(Ⅱ)混凝时未观察到对 DOC 或 MC-LR 有效的去除。当后续引入 20 μmol/L 的 PMS 时,MC-LR 的去除率大幅提高至 31.5%,而 DOC 的去除率仅提高至 20.3%。据报道,基于 AOPs 的方法可有效去除 MC-LR。可以推测,在低于 20 μmol/L 的 PMS 浓度下,Fe(Ⅱ)/PMS 过程生成 $SO_4^{-}\cdot$ 和 $\cdot OH$并诱导的氧化作用占主导地位,但是助凝作用并不明显,不能充分吸附或者沉降 DOC,这与 OD_{680}或浊度表现出的较低的去除率(见图 2.3)一致。在 50～150 μmol/L 的范围内继续提高 PMS 浓度,AOMs 的去除(通过氧化和混凝作用)与释放之间存在竞争关系。具体地,在中性或弱碱性环境下,Fe(Ⅱ)/PMS过程中同时产生原位 Fe(Ⅲ)、$SO_4^{-}\cdot$ 和 $\cdot OH$[见式(2.4)～式(2.7)]。原位 Fe(Ⅲ)通过水解发挥混凝作用,这能够使 AOMs 不稳定,从而导致其聚集并被藻絮体捕获。此过程已被证明有利于减少溶解性有机物(Dissolved Organic Matter,DOM)含量,尤其是大分子组分。另外,低分子量有机物倾向于被 $SO_4^{-}\cdot$ 和 $\cdot OH$ 矿化。因此,从一这点来看,由 $SO_4^{-}\cdot$ 和 $\cdot OH$ 诱导的化学氧化有助于 DOC 的去除。然而,藻细胞同样很容易受到这种氧化攻击,造成不希望发生的细胞破裂,从而导致严重的 AOMs 释放,最终使 DOC 急剧增加。由图 2.5 可知,50～90 μmol/L 内适度的 PMS 投加浓度显示出对 AOMs 释放最佳的控制,对 DOC 和 MC-LR 的去除率分别高达55.7%～60.1%和 68.3%～75.5%。当 PMS 投加浓

度大于90 μmol/L时，发生不可控的 AOMs 释放，这不利于实现 DOC 或 MC-LR 的低残留。

图 2.6 给出了在对原水和处理水的氯化过程后，PMS 强化 Fe(Ⅱ)混凝对 DBPFP 的影响。本节主要评估了挥发性三卤甲烷(Trihalomethans, THMs)[由三氯甲烷(Trichloromethane, TCM)代表]和非挥发性卤代乙酸(Haloacetic Acids, HAAs)[由一氯乙酸(Monochloroacetic Acid, MCAA)、二氯乙酸(Dichloroacetic Acid, DCAA)和三氯乙酸(Trichloroacetic Acid, TCAA)代表]两种主要氯化消毒副产物生成势的变化。在氯化实验之前，检测了每个水样的初始 DOC 含量，结果见表 2.1。一般认为，由于其分子量低和具有一定的亲水性，消毒副产物(Disinfection by-Products, DBPs)的前体物难以通过混凝过程去除。随着 PMS 投加浓度从 0 增加到150 μmol/L，TCM 和总 HAAs 的浓度分别升高67.1%和 81.9%，这与 DOC 的变化高度相关(见图 2.5 和表 2.1)。众所周知，AOMs 是形成氯化 DBPs 的重要前体物。Plummer 和 Edzwald 报道了当藻细胞遭受氧化刺激时，AOMs 的释放也可发生在细胞裂解之前。同样地，尽管在 K^+ 释放(见图 2.3)和细胞活性(见图 2.4)方面没有发现大规模的细胞裂解，但 90～150 μmol/L 范围内较高的 PMS 剂量确实导致一定水平的 IOM 泄露到细胞外，这损害了 DOC 的净去除(见图 2.5)，最终成为 DBPFP 增加的原因。然而，值得注意的是，PMS 浓度在 50 μmol/L 时实现了最低的 TCM 残留，尽管在此浓度下存在着 19.3%的 K^+ 释放和25.4%的细胞死亡，TCM 的浓度为 32.9 μg/L，低于原水中的浓度 35.5 μg/L，这说明原位 Fe(Ⅲ)对 DBPs 前体物具有较强的吸附和清除能力。此外，从图 2.6 可以看到，TCM 的浓度比总 HAAs 要高很多。这一发现可以解释为释放的 AOMs 中富含藻青蛋白，这被认为是形成 THMs 的主要前体物。至于 HAAs 浓度的缓慢上升，尤其是 TCAA，可以归因于富里酸和有机羧酸的释放。此外，对比三种 HAAs 的比例，可以发现，Fe(Ⅱ)/PMS 工艺可以加剧 MCAA 和 DCAA 的氯取代，导致更容易生成 TCAA。据先前的一项研究报道，在 UV/PS 预氧化强化聚氯化铝(Poly-aluminum Chloride, PACl)混凝除藻过程中，PS 的投加浓度为20 mg/L时，TCM 的浓度上升至约 220 μg/L。相比之下，PMS 强化 Fe(Ⅱ)混凝工艺所诱导的同步氧化/混凝效应，对控制高藻水处理中的 DBPFP 是适度和有效的，但是 PMS 的投加浓度应当谨慎考虑，因为它能够显著影响 DBPFP 并对工业应用造成威胁。

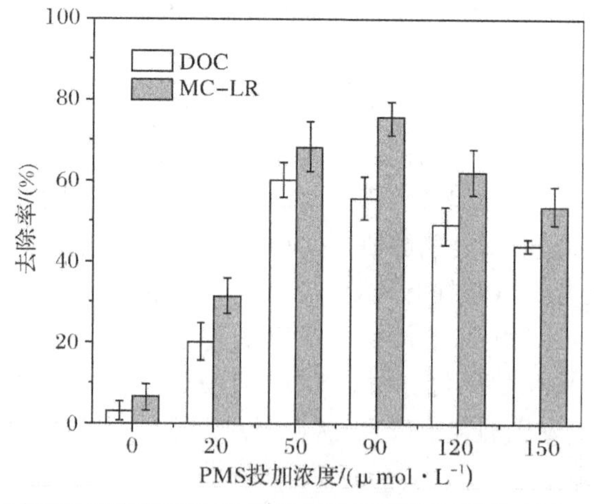

图 2.5 Fe(Ⅱ)/PMS 工艺在不同 PMS 投加浓度下对 DOC 和 MC-LR 的去除效能

实验条件：初始藻浓度为 2.0×10^6 cells/mL，初始 pH=8.45，温度为 25 ℃，Fe(Ⅱ)投加浓度为90 μmol/L，Fe(Ⅱ)和 PMS 投加时间间隔为 3 min。误差棒表示标准偏差(n=3)。

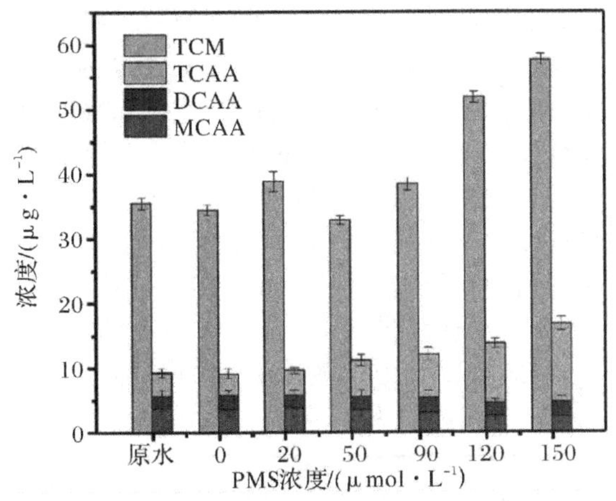

图 2.6　Fe(Ⅱ)/PMS 工艺对沉后水氯化后 DBPFP 的影响

实验条件：初始藻浓度为 2.0×10^6 cells/mL，初始 pH=8.45，温度为 25 ℃，Fe(Ⅱ)投加浓度为90 μmol/L，Fe(Ⅱ)和 PMS 投加时间间隔为 3 min。氯化实验条件：氯(以 Cl_2 计)：TOC(以 C 计)=3∶1(质量比)，pH=7.0，温度为 25 ℃，反应时间为 72 h(黑暗)。误差棒表示标准偏差(n=3)。

表 2.1　氯化实验前各水样中 DOC 含量

PMS 浓度/(μmol·L^{-1})	原水	0	20	50	90	120	150
DOC/(mg·L^{-1})	3.91	3.74	2.63	1.59	1.72	1.98	2.21

2.6　PMS 强化 Fe(Ⅱ)混凝对铜绿微囊藻及 AOMs 的去除机制

2.6.1　藻对 Fe(Ⅱ)的预吸附及原位效应

由于 AOMs 的存在以及其他一些不利特性，即使引入 90 μmol/L 的 Fe(Ⅱ)，铜绿微囊藻细胞表面仍然带有较高的负电荷(见图 2.1)，这使其可继续保持在水中的悬浮稳定性。当使用 PMS 强化 Fe(Ⅱ)混凝时，藻细胞在没有发生严重裂解的同时，其表面特性可被有效改变，并伴随着 AOMs 的脱附。在此过程中，起决定性作用的氧化被认为是适度的，而且在藻细胞表面原位发生。

为了证明该氧化过程的原位性，图 2.7 比较了同时投加和连续投加两种加药策略的除藻效能。由图 2.7 可知，关于 OD_{680}、浊度和 DOC 去除率以及 Zeta 电位的中和程度，观察到先上升后趋于稳定的趋势，这表明连续加药策略的效果要优于同时加药策略。此外，对于连续投加 Fe(Ⅱ)和 PMS 的处理来说，其产生的藻絮体要比同时投加的对照组(时间间隙为 0)呈现出更大的尺寸和更密集的藻絮体。Fe(Ⅱ)和 PMS 的最佳投加时间间隔推荐为 3 min，此时 OD_{680}、浊度和 DOC 的去除率分别达到 95.8%、95.3%和 60.9%。此外，藻细胞的Zeta

电位从−16.03 mV大幅提高至−6.32 mV。因此，可以推测，Fe(Ⅱ)和PMS间的大部分反应发生在藻细胞的表面，这有利于AOMs更充分的脱附及细胞表面特性更有效的改变，而在此之前，Fe(Ⅱ)首先吸附在藻细胞表面。这个推测通过监测藻细胞吸附后悬液中残留Fe浓度的变化得到了证实(见图2.8)。当Fe(Ⅱ)以初始浓度为5.04 mg/L(90 μmol/L)加入时，带正电荷的铁离子可被藻细胞在1 min内快速捕获，导致悬液中残留Fe浓度低至2.34 mg/L。Fe(Ⅱ)的吸附行为随着反应时间的延长继续进行，虽然在接下来的几分钟内吸附速率有所下降。从图2.8可以看到，在第3 min获得了一个较高的Fe(Ⅱ)吸附率66.9%，这与在第5 min观察到的最高吸附率68.3%较为接近。该现象可以用之前的一项研究结果来解释，即在蓝藻细胞表面存在着大量特异性结合位点，可以有效地吸附(如Fe、Ni和Cr等)金属离子。因此，在采用连续投加Fe(Ⅱ)和PMS的加药策略时，大量Fe(Ⅱ)被预先吸附在藻细胞的表面，因此可以保证在随后引入PMS时所发起的氧化反应正好在藻细胞表面原位发生。

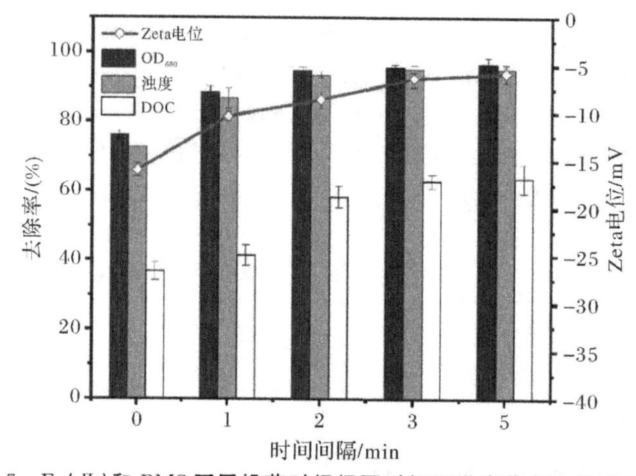

图2.7 Fe(Ⅱ)和PMS不同投药时间间隔对铜绿微囊藻去除效能的影响

实验条件：初始藻浓度为2.0×10^6 cells/mL，初始pH=8.29，初始Zeta电位为−38.54 mV，温度为25 ℃，Fe(Ⅱ)投加浓度为90 μmol/L，PMS投加浓度为50 μmol/L，Fe(Ⅱ)和PMS投加时间间隔为0～5 min。误差棒表示标准偏差(n=3)。

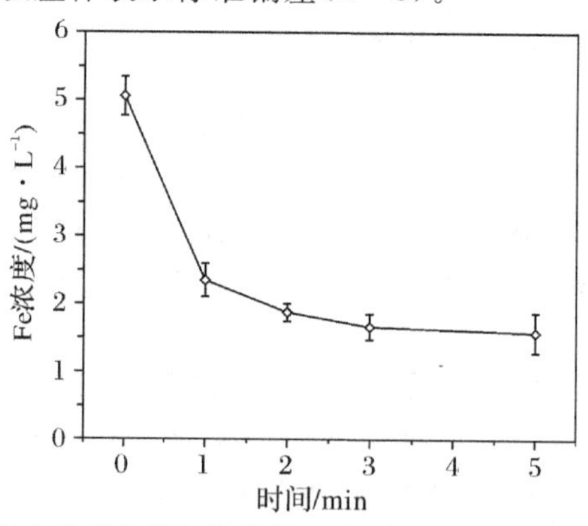

图2-8 不同反应时间内藻细胞吸附Fe(Ⅱ)后悬液中残留Fe浓度的变化

实验条件：初始藻浓度为2.0×10^6 cells/mL，初始pH=8.29，Fe(Ⅱ)投加浓度为90 μmol/L，反应时间为0～5 min，搅拌速率为250 r/min。误差棒表示标准偏差(n=3)。

据文献报道，在和本研究相似的Fe(Ⅱ)和PMS投加浓度下，PMS可在5 min内快速分解并形成原位Fe(Ⅲ)、SO_4^-·和·OH。在该快速反应中，大量自由基原位产生，因而可通过施加氧化刺激更直接地作用在藻细胞表面，导致Zeta电位绝对值的显著降低，有利于蓝藻细胞的脱稳。此外，氧化诱导AOMs脱附后的藻细胞被发现更容易被藻絮体捕捉。正是由于快速反应速率和原位效应的双重功效，Fe(Ⅱ)/PMS工艺实现了较少的药剂消耗和更短的混凝-沉淀周期。例如，与已报道的研究相比，当采用$KMnO_4$或UV/H_2O_2预氧化工艺以沉淀去除89.7%和94.7%的藻细胞时，分别需要消耗197.4 μmol/L和125 μmol/L的Fe(Ⅱ)。本章研究中，仅需要90.0 μmol/L的Fe(Ⅱ)即可达到超过90.0%的藻去除率。

2.6.2 Fe_3O_4的识别及其对强化混凝的作用机制

Fe(Ⅱ)同PMS(主要反应)或O_2(微弱反应)反应后可转化为原位Fe(Ⅲ)。新产生的原位Fe(Ⅲ)凭借丰富的活性表面，能够与更多的包括藻细胞在内的污染物结合。为了更好地揭示PMS强化Fe(Ⅱ)混凝过程的作用机理，使用场发射扫描电子显微镜(Field Emission Seanningelectron Microscope，FESEM)对藻絮体及Fe晶体进行了观察研究(见图2.9)。从图2.9(a)可以看到，少量在单独的Fe(Ⅱ)混凝后附着在裸露蓝藻细胞表面的小尺寸Fe晶体，这与混凝效果较差的结果一致。当使用PMS强化Fe(Ⅱ)混凝处理高藻水时，观察到包括各种氢氧化物在内的Fe晶体[见图2.9(b)]。这可以解释当采用PMS助凝时表现出的对铜绿微囊藻(见图2.3)和AOMs(见图2.5)较高的去除效能。据报道称，原位Fe(Ⅲ)更倾向于水解而不是形成Fe-AOMs，这导致Fe水解产物对AOMs的去除效果较好。然而，本章研究中发现一个有趣的实验现象，这可能隐藏了一个潜在的作用机制，以解释Fe(Ⅱ)/PMS工艺中加速的混凝-沉淀过程和优异的藻去除效能的原因。图2.9(c)(d)清晰地显示了许多具有特殊规则正八面体结构的Fe晶体，这些Fe晶体很可能是Fe_3O_4磁性纳米颗粒。

为了进一步证明Fe_3O_4的生成，使用X射线电子能谱(X-ray Photoelectron Spectroscopy，XPS)检测藻絮体表面Fe的金属形态。在图2.10中观察到位于结合能为711.1 eV和724.8 eV处的自旋轨道双峰，分别对应于Fe $2p_{3/2}$和Fe $2p_{1/2}$，这表明存在着Fe^{2+}/Fe^{3+}。确切地讲，分峰后位于710.7 eV和724.3 eV处的信号峰分别指示Fe(Ⅱ)中的Fe^{2+} $2p_{3/2}$和Fe^{2+} $2p_{1/2}$，而712.2 eV和725.7 eV处的峰分别属于Fe(Ⅲ)中的Fe^{3+} $2p_{3/2}$和Fe^{3+} $2p_{1/2}$的信号峰。一般认为，混凝中Fe水解产物主要以Fe(Ⅲ)形式存在，因为二价铁氧化物很容易被氧化且难以保存。然而，XPS结果证明了藻絮体中稳定存在的Fe(Ⅱ)，这进一步佐证了PMS强化Fe(Ⅱ)混凝过程中Fe_3O_4的生成。此外，通过峰面积计算得到Fe(Ⅱ)/Fe(Ⅲ)=0.452。比较FeOOH与Fe_3O_4的XPS图谱可知，藻絮体中Fe(Ⅱ)的比例低于Fe_3O_4，但显著高于FeOOH，这意味着Fe(Ⅱ)/PMS过程中生成的Fe水解产物不仅包含传统认知上的FeOOH[见图2.9(b)]，而且还存在大量的Fe_3O_4[见图2.9(c)(d)]。也就是说，在近中性条件下，PMS强化Fe(Ⅱ)混凝过程中可在铜绿微囊藻表面形成磁性Fe_3O_4，而该反应发生的可行性归因于Fe^{3+}/Fe^{2+}的共存。

众所周知，Fe_3O_4是一种磁性晶体，由于磁效应的存在，所以其纳米颗粒可以快速聚集并不断长大。同样地，随着Fe(Ⅱ)和PMS之间的激烈反应，Fe_3O_4纳米颗粒在藻细胞表面原位生成并快速生长。同时，Fe(Ⅱ)/PMS过程中可形成许多其他带正电荷的Fe水解产物(各种FeOOH)。因此，除其他Fe水解产物所贡献的碰撞、聚集效应外，Fe_3O_4可显著促进

Fe_3O_4 - Cell - Fe hydrolyzates - AOMs 复体之间的簇集和交联。Fe 水解产物和 Fe_3O_4 的架桥作用使水中的 DOM 紧密附着在藻细胞上，并在后续沉淀过程中被去除。该过程是迅速的，在中速搅拌的初始阶段即出现了大量肉眼可见的絮状物。值得注意的是，此时大量位于絮团外围的复体在空间位阻的作用下可阻止外部氧化剂的渗透，从而避免内部细胞的氧化暴露。因此，在 PMS 强化 Fe(Ⅱ)混凝工艺中，藻细胞的破坏以及衍生的 AOMs 的释放可以得到较好的控制，这从细胞形态方面也得到了直观的证明[见图 2.9(b)～(f)]。

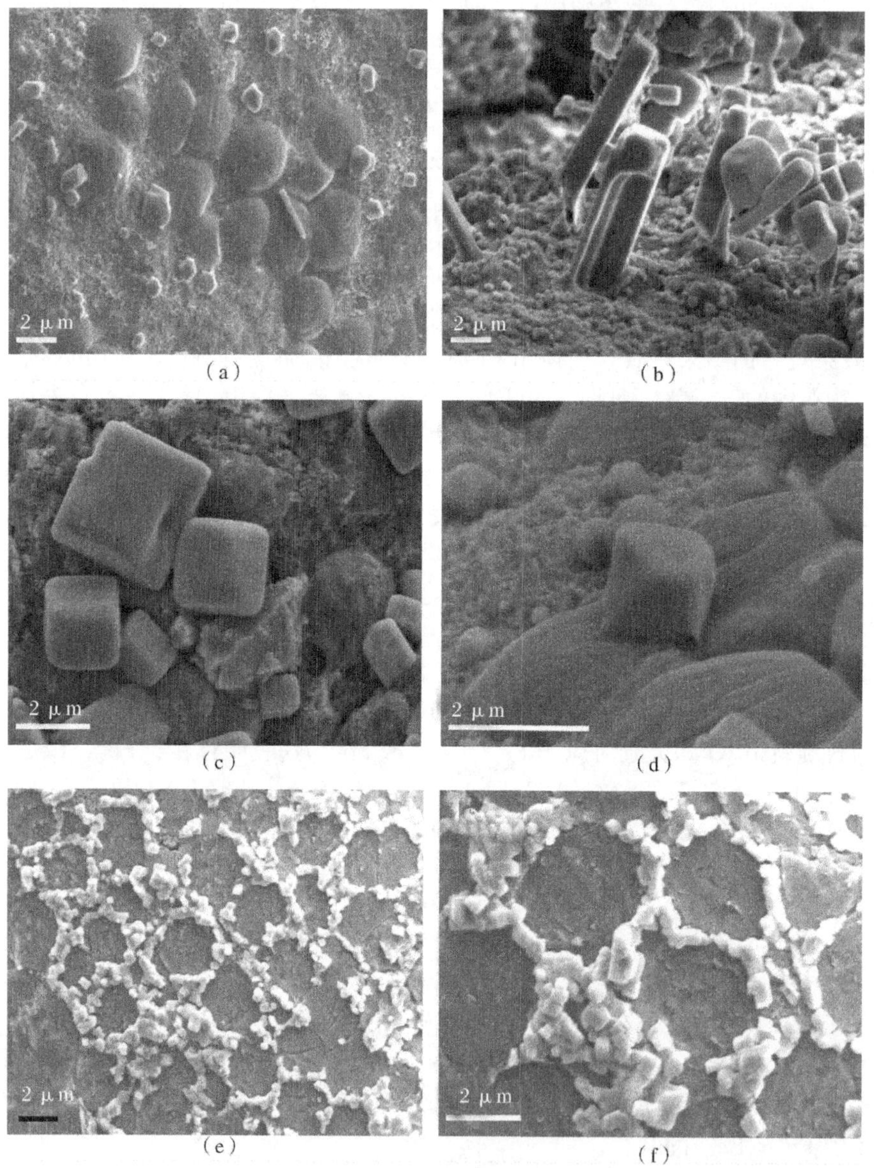

图 2.9 单独或 PMS 强化 Fe(Ⅱ)混凝后藻絮体及其附着 Fe 晶体的 FESEM 图

(a)单独 Fe(Ⅱ)混凝的表面结晶；(b)Fe(Ⅱ)/PMS 强化混凝的表面结晶；

(c)大量 Fe_3O_4 的发现；(d)Fe_3O_4 规则正八面体结构特写；

(e)Fe 晶体沿着藻细胞壁生长的形貌；(f)Fe 晶体特写(样品预先经过金属平板按压处理)

实验条件：初始藻浓度为 2.0×10^6 cells/mL，Fe(Ⅱ)投加浓度为 90 μmol/L，PMS 投加浓度为50 μmol/L，间隔时间为 3 min。

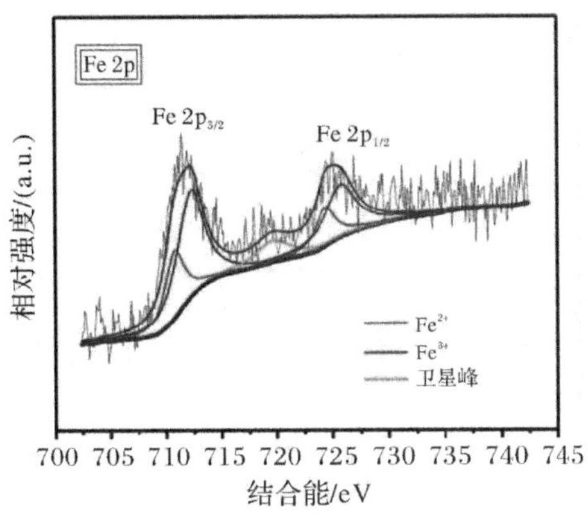

图 2.10　藻絮体的 XPS 表征(Fe 2p)

实验条件：初始藻浓度为 2.0×10^6 cells/mL，Fe(Ⅱ)投加浓度为 90 μmol/L，PMS 投加浓度为50 μmol/L，间隔时间为 3 min。

有趣的是，当藻絮体样品经过金属平板按压处理后，观察到有序的 Fe 晶体沿着藻细胞的边界聚集[见图 2.9(e)～(f)]。这表明磁力作用可导致 Fe_3O_4(或细胞)扭转或迁移。每个藻细胞上 Fe_3O_4 晶体相互碰撞、吸附，最终导致藻细胞的相互交联。结果大量 Fe_3O_4 聚集在藻细胞之间的边界，这与聚集的藻细胞之间的轮廓高度一致。这也解释了藻细胞能在短时间内被迅速捕获同时藻絮体疯狂生长的原因。

以上结果表明，PMS 强化 Fe(Ⅱ)混凝工艺可以显著促进铜绿微囊藻和 AOMs 的去除。基于以上结果，图 2.11 示意了 PMS 强化 Fe(Ⅱ)混凝的可能机理。

$$Fe(Ⅱ) + OH^- \longrightarrow Fe(OH)_2 \tag{2.9}$$

$$Fe(OH)_2 + HSO_5^- \longrightarrow Fe(OH)_3 + SO_4^- \cdot \tag{2.10}$$

$$Fe(OH)_2 + 2Fe(OH)_3 \longrightarrow Fe_3O_4 + 4H_2O \tag{2.11}$$

$$Fe(OH)_2 + O_2 \longrightarrow Fe(Ⅲ) \tag{2.12}$$

$$AOMs + SO_4^- \cdot \longrightarrow CO_2 + H_2O + SO_4^{2-} \tag{2.13}$$

一方面，当高藻水加入 Fe(Ⅱ)后，大多数带正电荷的 Fe^{2+} 吸附在藻细胞表面，由于溶液的碱性条件，Fe(Ⅱ)可转化为 $Fe(OH)_2$[见式(2.9)]。由此大部分的 PMS 可与 $Fe(OH)_2$ 反应并生成 $Fe(OH)_3$ 和自由基[见式(2.10)]。因此，大量且充足的 $SO_4^-\cdot$ 和 ·OH 通过 Fe(Ⅱ)的活化产生[见式(2.5)和式(2.6)]，这是导致 AOMs 破坏的原因。进一步地，AOMs的脱附引起细胞表面 Zeta 电位绝对值的降低。另一方面，藻细胞遭受氧化刺激而死亡或者活性降低，使其更易于不稳定和聚集。同时，$Fe(OH)_2$ 和 $Fe(OH)_3$ 之间通过脱水反应生成 Fe_3O_4[见式(2.11)]。剩下$Fe(OH)_2$可被溶解氧氧化成原位 Fe(Ⅲ)[见式(2.12)]。包含部分 MC-LR 和 DBPs 前体物的 AOMs 可被 Fe_3O_4 及其他 Fe 水解产物有效吸附，这有利于 DOC 的去除。此外，在 Fe(Ⅱ)/PMS 过程中大量产生的自由基，尤其是 $SO_4^-\cdot$，被认为可以有效地将部分 AOMs 矿化为 H_2O 和 CO_2，这有助于进一步提升 DOC 的去除效能[见式(2.13)]。在随后的沉淀过程中，完全生长的且附着有 Fe_3O_4 的磁性藻絮体大幅增加了铜绿微囊藻及 AOMs 的比例，这不利于藻细胞在水中保持稳定的悬浮状态，因此，藻絮体沉降性能得到极大改善。

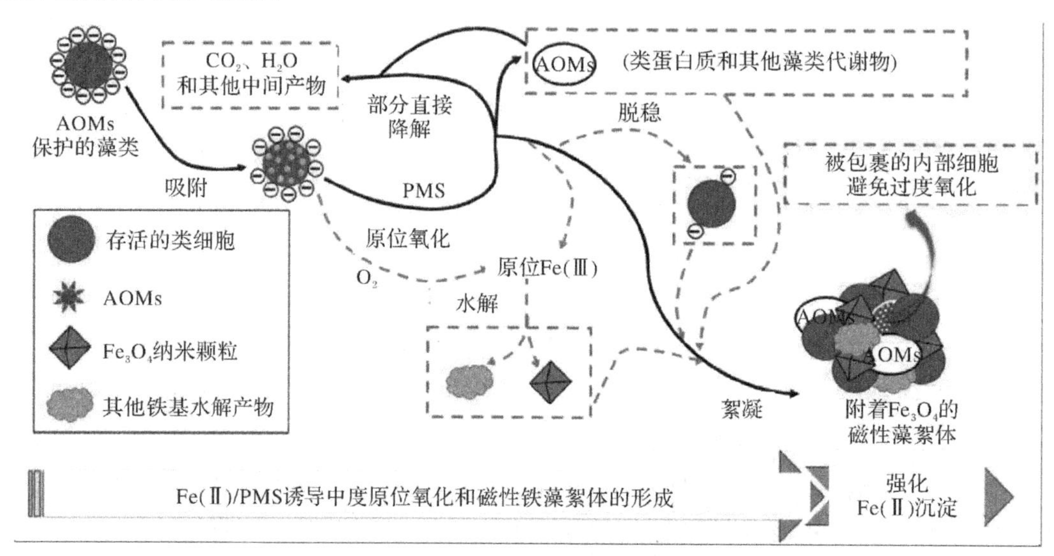

图 2.11 PMS 强化 Fe(Ⅱ)混凝去除铜绿微囊藻和 AOMs 的可能机理

第3章 UV/PMS工艺氧化降解卤乙腈的实验研究

3.1 引 言

饮用水消毒是水处理的重要环节。然而，在消毒过程中，消毒剂与水体中的有机物发生反应会生成消毒副产物。卤乙腈是一类新兴的含氮消毒副产物，其比三卤甲烷和卤乙酸等具有更高的遗传毒性、细胞毒性和致癌性。本章以卤乙腈中常见的氯乙腈、二氯乙腈和三氯乙腈为对象，主要研究UV/PMS工艺氧化降解卤乙腈的过程，通过反应动力学、影响因素的实验研究了解卤乙腈的降解过程，考察氧化剂投加浓度、氯离子、碳酸氢根离子、腐殖酸(Humic Acid，HA)等对降解过程的影响。

此外，通过电子顺磁共振(Electron Paramagnetic Resonance，EPR)实验测定反应体系中存在的活性物质，并通过猝灭实验确定其中起主要作用的物质。通过测定反应中产生的含氮元素离子和含氯元素离子推断降解过程中氮、氯元素的转化，最后通过气相色谱-质谱联用(Gas Chromatography - Mass Spectrometer，GC - MS)测定中间产物，揭示卤乙腈的降解路径。

3.2 不同反应体系对卤乙腈的降解效能比较

本节主要研究UV/PMS工艺对卤乙腈的降解效果，并与单独在紫外线辐照下和单独在氧化剂作用下的降解效果进行对比，同时对降解反应动力学进行研究。这部分内容对了解水中卤乙腈的降解具有重要意义。

3.2.1 UV/PMS工艺对卤乙腈降解效能

在氯乙腈(Chloroacetonitrile，CAN)、二氯乙腈(Dichloroacetonitrile，DCAN)和三氯乙腈(Trichloroacetonitrile，TCAN)的初始浓度均为2 μmol/L，PMS的投加浓度为300 μmol/L，H_2O_2 的投加浓度为300 μmol/L，温度为25 ℃，pH为7.0，紫外线辐照功率为10 W的条件下，利用UV、PMS、UV/ H_2O_2 和UV/PMS降解卤乙腈的过程如图3.1所示。

由图3.1可知：在紫外线辐照30 min后，CAN的降解率较低，约为12%；在PMS单独作用30 min后，CAN的降解率为6%；在UV/PMS氧化工艺作用30 min后，CAN降解率相比前两者显著提高，达到 68%。DCAN 和 TCAN 也有类似的现象。在紫外线辐照或 PMS 单独作用 30 min 后，DNAN 的降解率均较低，分别为 19%和 10%，而在 UV/PMS 氧化工艺作用 30 min 后，DCAN 降解率高达 80%。在紫外线辐照或 PMS 单独作用后，TCAN 几乎没有降解，而在 UV/PMS 氧化工艺作用下，仅需 10 min，TCAN 几乎被完全降解。上述现象说明，UV/PMS 氧化工艺的效能远远大于 UV 或 PMS 单独作用的效能。这是因为，紫外线辐照可以活化分解 PMS 产生 $SO_4^-\cdot$ 和 $\cdot OH$，生成的自由基氧化能力比 PMS 更强，能有效降解大多数污染物。

$$HSO_5^- \xrightarrow{h\nu} SO_4^-\cdot + HO\cdot \tag{3.1}$$

$$SO_4^-\cdot + H_2O \longrightarrow H^+ + SO_4^{2-} + HO\cdot \tag{3.2}$$

此外，相比于 UV/H_2O_2，UV/PMS 工艺的效能更高，降解效果更好。这可能是因为在紫外线辐照条件下，PMS 比 H_2O_2 更容易分解，单位时间内 UV/PMS 工艺中产生的自由基比 UV/H_2O_2 中的多，所以降解速率更快。为验证这一结论，在相同的条件下测定反应中剩余 PMS 和 H_2O_2 的含量，结果见图 3.2。由图 3.2 可知：体系中绝大多数 PMS 被快速分解；反应 30 min 后，PMS 的分解率达到 83%，而 H_2O_2 的分解率则要小得多，远小于 PMS 的分解率。

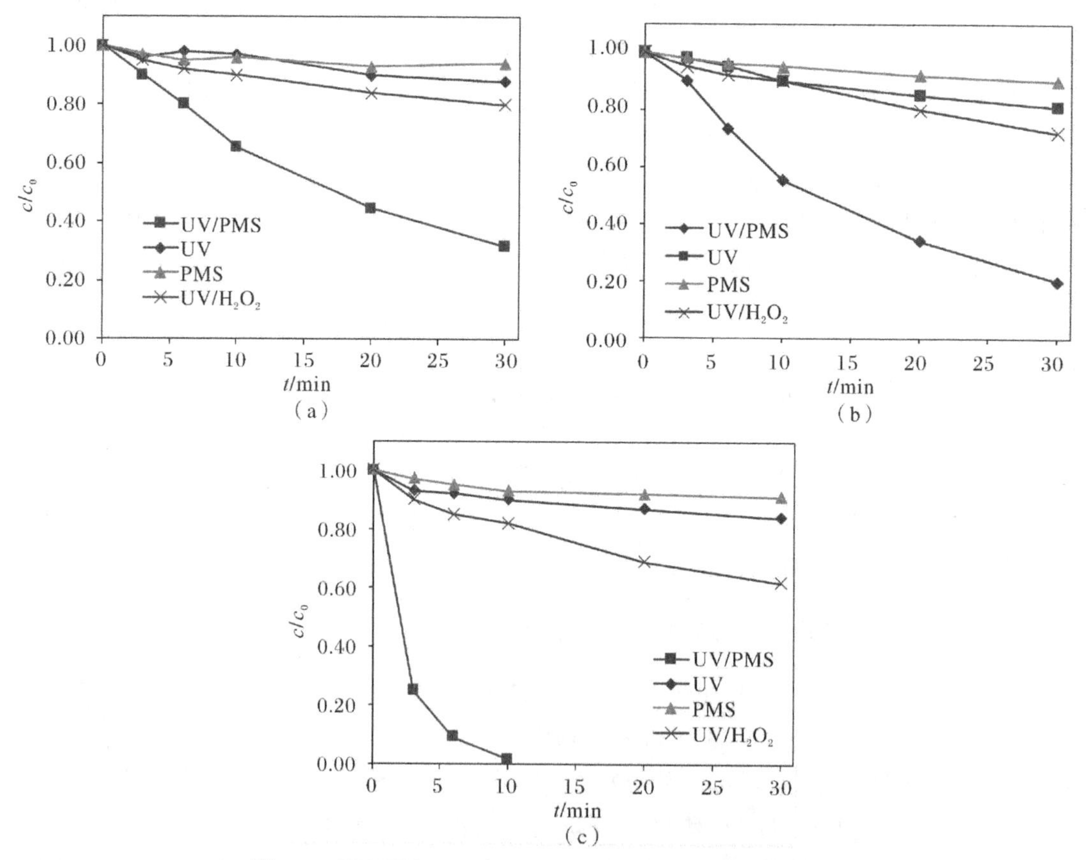

图 3.1 UV、PMS、UV/ H_2O_2、UV/PMS 工艺降解卤乙腈

(a)CAN；(b)DCAN；(c)TCAN

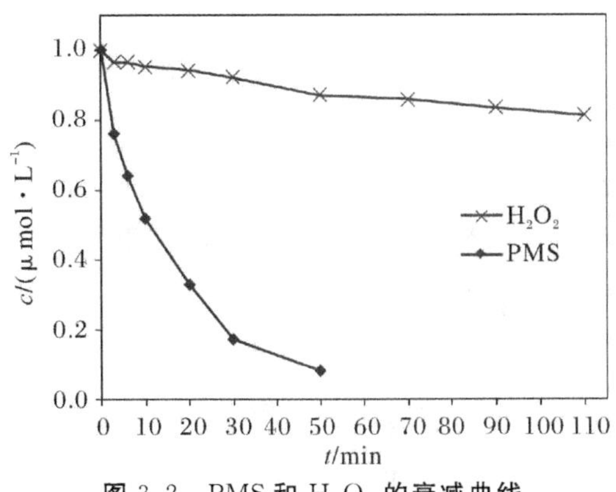

图 3.2　PMS 和 H_2O_2 的衰减曲线

3.2.2　UV/PMS 工艺对卤乙腈降解动力学分析

对于 UV/PMS 工艺对卤乙腈降解过程采用多级反应进行拟合，根据模型的相关系数的大小确定反应级数。本实验中分别采用零级反应、一级反应和二级反应进行拟合，结果见表 3.1。UV/PMS 工艺对卤乙腈降解过程采用一级反应拟合的结果最好，相关系数 R^2 分别达到了 0.997 5、0.996 7 和 0.996 4，因此该反应遵循一级动力学。

表 3.1　不同动力学模型的拟合情况

动力学模型	R^2		
	CAN	DCAN	TCAN
零级反应	0.944 5	0.913 6	0.744 5
一级反应	0.997 5	0.996 7	0.996 4
二级反应	0.976 5	0.940 8	0.726 9

一级反应拟合结果如图 3.3 所示，反应速率为 CAN<DCAN<TCAN，其对应的准一级反应速率常数分别为 $6.50\times10^{-4}\ s^{-1}$、$8.58\times10^{-4}\ s^{-1}$ 和 $6.85\times10^{-3}\ s^{-1}$。该结果说明，氯化程度越高的卤乙腈，越容易被降解，这与前人的研究结论一致。这是因为，随着氯化程度的增大，吸电子效应增强，相应卤乙腈的光敏性增强，从而更容易被光分解。

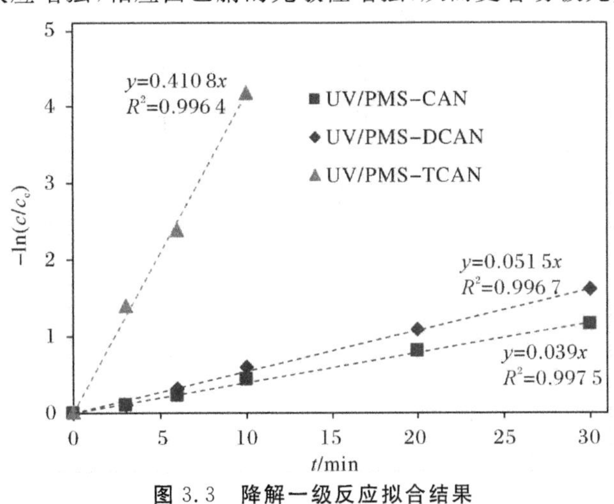

图 3.3　降解一级反应拟合结果

3.3 UV/PMS体系降解卤乙腈的影响因素分析

在高级氧化工艺中，阴离子、腐殖酸、氧化剂投加浓度和pH等因素对降解过程的影响显著，确定这些因素对氧化工艺的影响对工艺的研究具有重大意义。本节研究氧化剂投加浓度、水中常见的两种阴离子以及腐殖酸对降解效率的影响。虽然pH对氧化工艺的影响也比较大，但考虑本章研究的对象是饮用水中的卤乙腈，常规饮用水源多为中性，且由于成本的影响，所以实际工程中调节pH的情况相对较少，本工艺的应用场景多为中性。因此，使用磷酸盐缓冲液使反应体系的pH保持在7.0左右，以契合实际饮用水的酸碱度。

3.3.1 氧化剂投加浓度对卤乙腈降解过程的影响

氧化剂投加浓度对DCAN降解的影响如图3.4所示。DCAN的初始浓度为2 μmol/L，PMS的投加浓度分别为200 μmol/L、300 μmol/L和400 μmol/L，温度为25 ℃，pH为7.0，紫外线辐照功率为10 W。由图3.4可知：当PMS投加浓度为200 μmol/L时，30 min后DCAN的降解率为59%，对应的准一级反应速率常数为$5.38\times10^{-4}\ s^{-1}$；当PMS投加浓度增加至300 μmol/L时，对应的准一级反应速率常数增加至$8.58\times10^{-4}\ s^{-1}$；当PMS投加浓度增加至400 μmol/L时，对应的准一级反应速率常数增加至$9.75\times10^{-4}\ s^{-1}$。上述结果表明，在实验范围内，DCAN的降解速率随着PMS投加浓度的增大而增大。这是因为，当PMS投加浓度增大时，反应体系中由PMS分解而产生的$SO_4^-\cdot$和·OH的数量也增多，从而增大了DCAN分子与自由基的碰撞概率，因此反应速率增大。

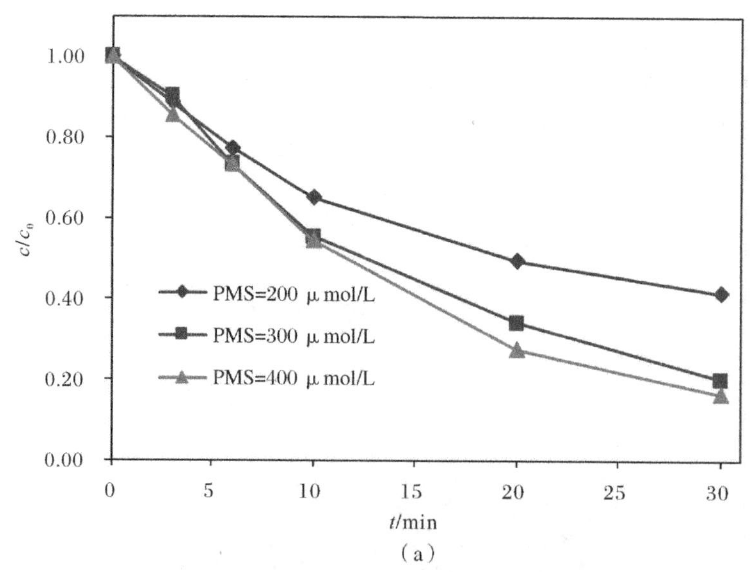

(a)

图3.4 氧化剂投加浓度对DCAN降解的影响

(a)降解过程

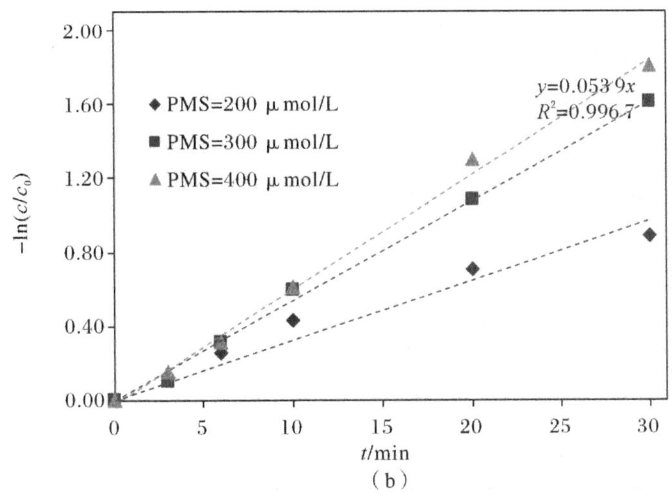

续图 3.4　氧化剂投加浓度对 DCAN 降解的影响

(b)降解速率

3.3.2　水中常见阴离子对卤乙腈降解过程的影响

HCO_3^- 和 Cl^- 是水中常见的阴离子，广泛分布于自然水体中。在本节中，分别向反应体系加入氯化钠和碳酸氢钠，以考察这两种阴离子对 UV/PMS 工艺降解卤乙腈的影响，结果如图 3.5 所示，实验条件：卤乙腈的初始浓度为 2 μmol/L，PMS 的投加浓度为 300 μmol/L，Cl^- 的投加浓度为 0.5 mmol/L，HCO_3^- 的投加浓度为 0.1 mmol/L，温度为 25 ℃，pH 为 7.0，紫外线辐照功率为 10 W。反应速率常数的具体数值见表 3.2。

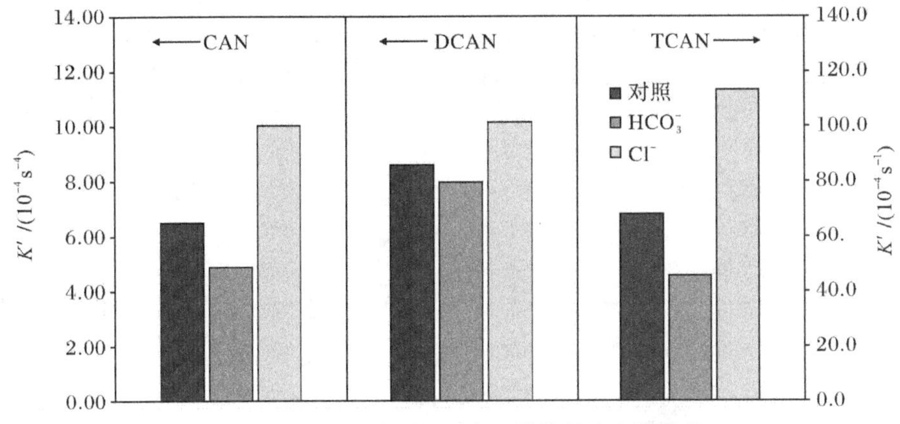

图 3.5　HCO_3^- 和 Cl^- 对卤乙腈降解速率的影响

表 3.2　HCO_3^-、Cl^- 存在下的反应速率常数　　单位：s^{-1}

卤乙腈	对照组	HCO_3^- (0.1 mmol · L^{-1})	Cl^- (0.5 mmol · L^{-1})
CAN	6.50×10^{-4}	4.90×10^{-4}	1.00×10^{-3}
DCAN	8.58×10^{-4}	7.97×10^{-4}	1.02×10^{-3}
TCAN	6.85×10^{-3}	4.56×10^{-3}	1.13×10^{-2}

由文献可知，在高级氧化过程中，Cl^- 对降解过程有两种相反的影响。当 Cl^- 浓度较低

时，Cl^- 往往对降解过程起抑制作用；当 Cl^- 浓度较高时，Cl^- 往往对降解过程起促进作用。这是因为，当反应体系中 Cl^- 投加浓度较低时，Cl^- 能与 $SO_4^- \cdot$ 和 $\cdot OH$ 发生反应，消耗部分自由基，从而抑制反应，反应式如下：

$$SO_4^- \cdot + Cl^- \longrightarrow SO_4^{2-} + Cl \cdot \tag{3.3}$$

$$\cdot OH + Cl^- \longrightarrow ClOH^- \cdot \tag{3.4}$$

$$ClOH^- \cdot + H^+ \longrightarrow H_2O + Cl \cdot \tag{3.5}$$

当 Cl^- 投加浓度增加时，部分 Cl^- 除了消耗自由基以外，过量的 Cl^- 还会与反应体系中过量的氧化剂发生反应，增加 $\cdot OH$ 的数量，从而促进降解过程，反应式如下：

$$Cl^- + HSO_5^- \longrightarrow SO_4^{2-} + HClO \tag{3.6}$$

$$2Cl^- + HSO_5^- + H^+ \longrightarrow SO_4^{2-} + Cl_2 + H_2O \tag{3.7}$$

$$HClO \xrightarrow{h\nu} \cdot OH + Cl \cdot \tag{3.8}$$

在本节实验中，由图 3.5 可知，在向反应体系中加入 Cl^- 后，卤乙腈的降解速率加快，Cl^- 促进了卤乙腈的降解。这可以解释为，由于 Cl^- 处于过量的状态，所以过量的 Cl^- 与过量的 PMS 发生反应生成 Cl_2 和 HClO，增加了自由基的数量，从而增加了反应速率。这与 Ao 等人的研究结果类似，其研究结果显示，在 UV/PMS 降解磺胺甲噁唑的过程中，当加入大量的 Cl^- 后，反应速率常数从 $1.83\times10^{-2}\ s^{-1}$ 升高至 $1.90\times10^{-2}\ s^{-1}$。为验证上述结论，对加入 Cl^- 后的反应体系进行 EPR 实验，并与不加 Cl^- 的对照组进行对比，实验结果如图 3.6 所示。由图 3.6 可知，UV/PMS 反应体系中同时存在 $SO_4^- \cdot$、$\cdot OH$ 和单线态氧($^1O_2$)等活性物质。在向反应体系中加入 Cl^- 后，反应体系中 $SO_4^- \cdot$ 和 $\cdot OH$ 的强度明显增大，$^1O_2$ 的 EPR 实验结果也有类似的变化，这说明 Cl^- 的加入使得反应体系中的 $SO_4^- \cdot$、$\cdot OH$ 和 $^1O_2$ 均有不同程度的增加，上述结论得到验证。

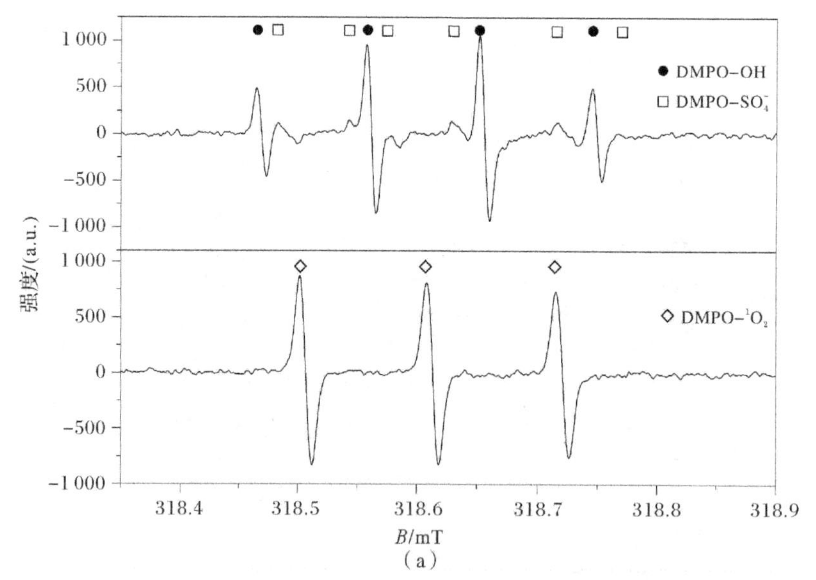

图 3.6　Cl^- 对反应体系中 $SO_4^- \cdot$、$\cdot OH$、$^1O_2$ 数量的影响

(a)UV/PMS 体系中 $SO_4^- \cdot$、$\cdot OH$ 和 $^1O_2$ 共存

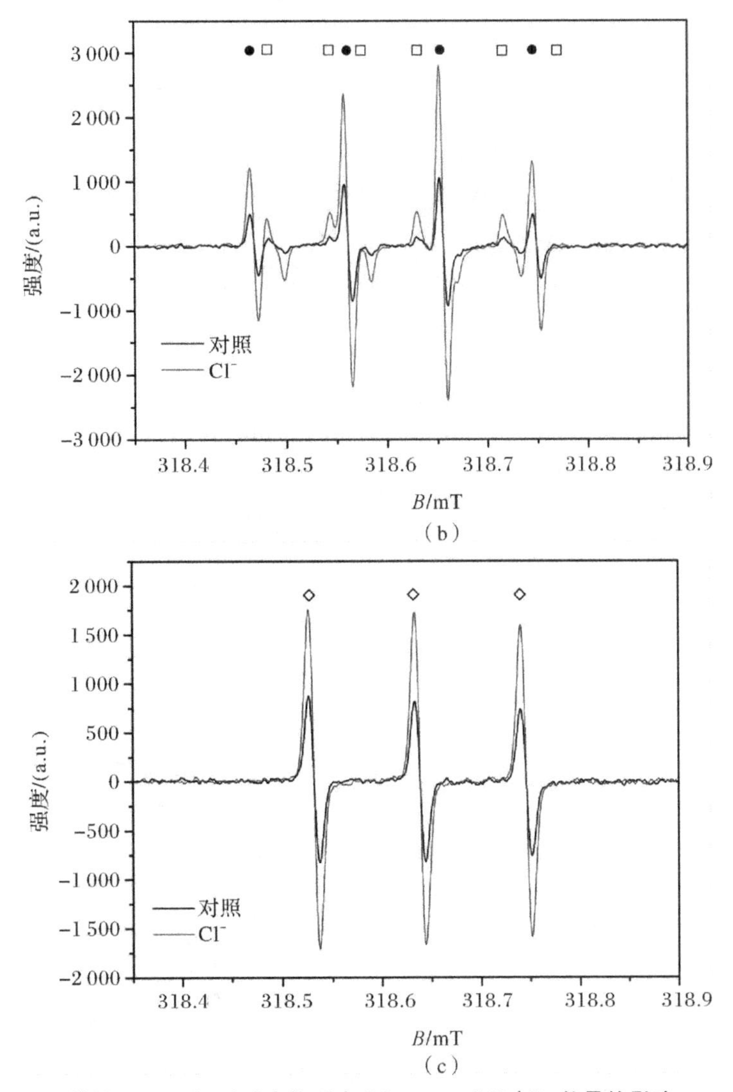

续图 3.6　Cl^- 对反应体系中 $SO_4^-\cdot$、$\cdot OH$、$^1O_2$ 数量的影响

(b)加入 Cl^- 后体系中 $SO_4^-\cdot$ 和 $\cdot OH$ 强度的变化；(c) 加入 Cl^- 后体系中 $^1O_2$ 强度的变化

由图 3.5 可知，向反应体系中加入 HCO_3^- 后，反应速率明显降低，CAN、DCAN 和 TCAN 的准一级反应速率常数分别由 $6.50\times10^{-4}\ s^{-1}$、$8.58\times10^{-4}\ s^{-1}$ 和 $6.85\times10^{-3}\ s^{-1}$ 下降至 $4.90\times10^{-4}\ s^{-1}$、$7.97\times10^{-4}\ s^{-1}$ 和 $4.56\times10^{-3}\ s^{-1}$，分别减少了 25.6%、7.2% 和 33.5%，这说明 HCO_3^- 对卤乙腈的降解起抑制作用。这可能是由如下两个原因造成的：①HCO_3^- 与 $SO_4^-\cdot$ 或 $\cdot OH$ 发生反应，生成了氧化能力更弱的 $CO_3^-\cdot$，$CO_3^-\cdot$ 是一种氧化能力很弱的自由基，不能有效氧化大多数有机污染物，反应如下式所示；②在 HCO_3^- 猝灭 $SO_4^-\cdot$ 或 $\cdot OH$ 的过程中，会生成一些中间产物，这些中间产物会阻碍自由基链式反应的形成，因而阻碍了反应的进行。

$$SO_4^-\cdot + HCO_3^- \longrightarrow CO_3^-\cdot + SO_4^{2-} + H^+ \tag{3.9}$$

$$\cdot OH + HCO_3^- \longrightarrow CO_3^-\cdot + H_2O \tag{3.10}$$

3.3.3 腐殖酸对卤乙腈降解过程的影响

腐殖酸是自然水体中常见的有机物，占据自然水体总有机碳(Total Organic Carbon，TOC)总量的90%左右，且腐殖酸对高级氧化工艺的影响显著。腐殖酸对UV/PMS工艺降解卤乙腈的影响如图3.7所示。卤乙腈的初始浓度为2 μmol/L，PMS的投加浓度为300 μmol/L，腐殖酸的投加浓度为0.5 mg/L，温度为25 ℃，pH为7.0，紫外线辐照功率为10 W，DI代表去离子水的对照组，HA代表投加了腐殖酸的实验组。

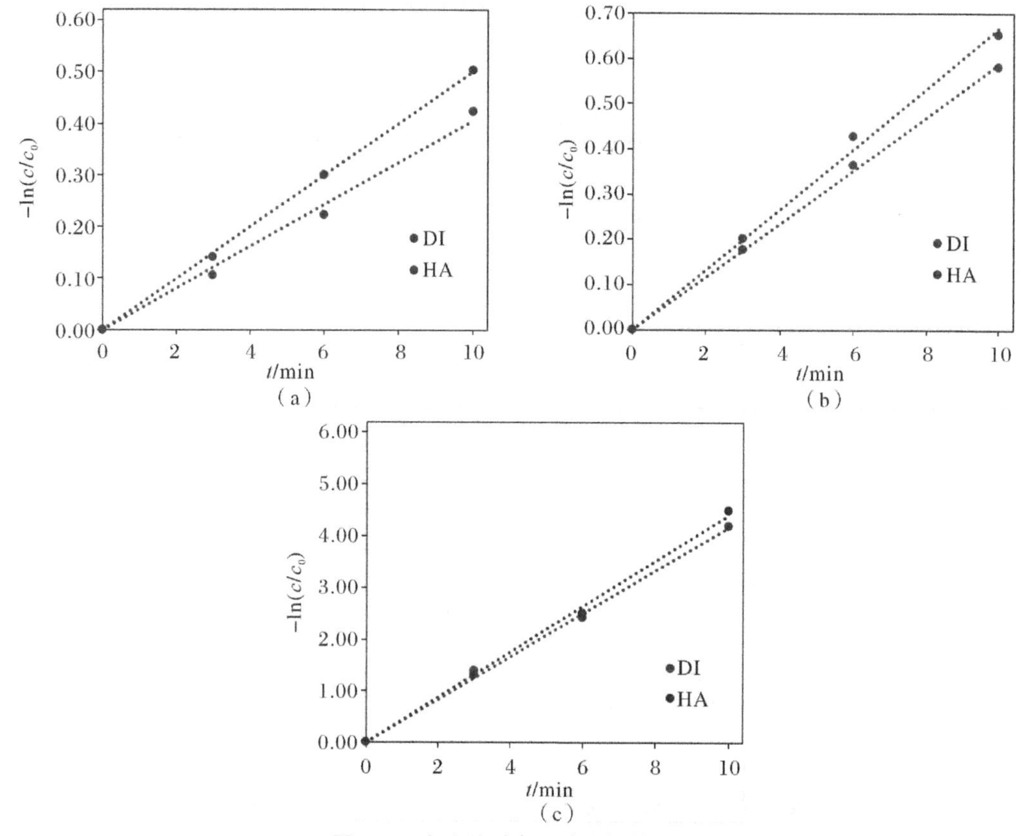

图3.7 腐殖酸对卤乙腈降解的影响

(a)CAN；(b)DCAN；(c)TCAN

在文献报道中，关于腐殖酸对降解速率的影响有两种：一些研究表明，腐殖酸能抑制降解反应；另外一些研究则表明，腐殖酸能促进污染物的降解。腐殖酸对光降解反应的影响较为复杂，这是因为，在反应中，腐殖酸不但可以作为光敏剂，而且可以作为光线屏蔽剂和自由基猝灭剂。作为光敏剂，腐殖酸在光照下能够产生如$^1O_2$、$O_2^-\cdot$等活性物质，这些活性物质与污染物发生反应，从而加快降解反应，反应式如下：

$$HA+h\nu \longrightarrow {}^1HA^* \longrightarrow {}^3HA^* \tag{3.11}$$

$${}^3HA^*+O_2 \longrightarrow HA+{}^1O_2 \tag{3.12}$$

$${}^3HA^*+O_2 \longrightarrow HA^+ +O_2^-\cdot \tag{3.13}$$

$$2O_2^-\cdot+2H^+ \longrightarrow H_2O_2+O_2 \tag{3.14}$$

$$H_2O_2+h\nu \longrightarrow 2\cdot OH \tag{3.15}$$

$$HANs + {}^1O_2/\cdot OH \longrightarrow 产物 \tag{3.16}$$

此外，紫外线的穿透能力较弱，腐殖酸能掩蔽部分紫外线，在这种情况下，腐殖酸由于降低了紫外线的辐照浓度，从而对降解过程起到抑制作用。与此同时，腐殖酸还可以与·OH发生反应，消耗部分自由基，阻碍降解反应的进行，反应式如下：

$$HA/{}^1HA^*/{}^3HA^*/HA^+ + \cdot OH \longrightarrow 氧化的HA \tag{3.17}$$

因此，腐殖酸对降解速率起促进作用还是抑制作用取决于上述两种效应的相对大小。本实验中，在投加0.5 mg/L的腐殖酸后，卤乙腈的降解速率增大，这可能是因为腐殖酸作为光敏剂对降解过程的影响大于作为光线屏蔽剂和自由基猝灭剂的影响，所以导致体系中的活性物质增多，增大了反应速率，从而对降解过程起促进作用。为验证这一结论，同样对加入HA后的反应体系进行了EPR实验，并与对照组进行对比。如图3.8所示，向反应体系中加入HA后，$SO_4^-\cdot$、$\cdot OH$、${}^1O_2$的数量均有提升，且反应体系中还检测出了$O_2^-\cdot$，验证了上述结论，在本实验条件下，HA能增加降解体系中的自由基和活性物质的数量，对降解反应起促进作用。

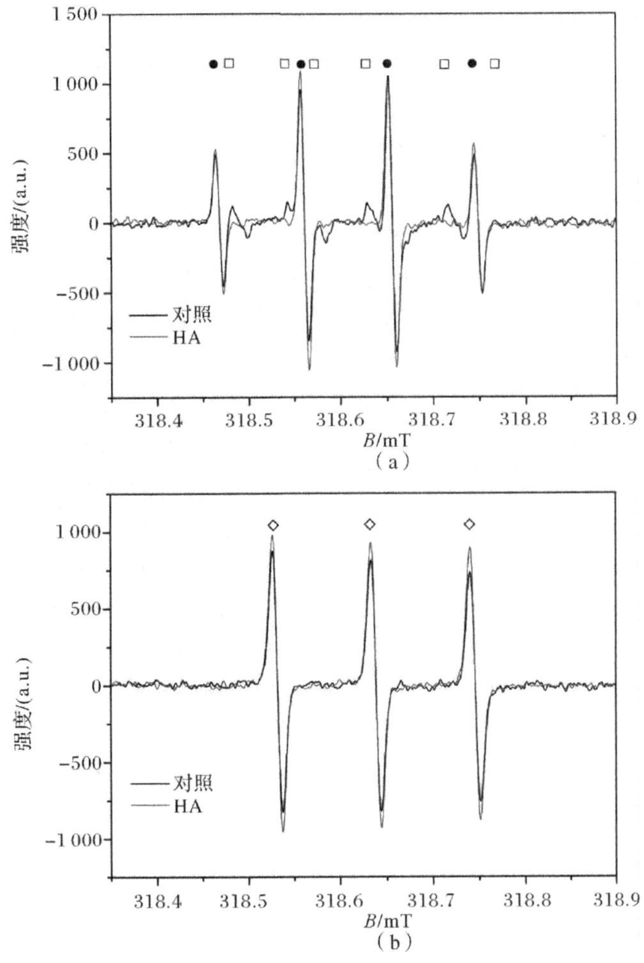

图3.8　HA对反应体系中活性物质数量的影响

(a)加入HA后体系中$SO_4^-\cdot$和·OH强度的变化；(b)加入HA后体系中${}^1O_2$强度的变化

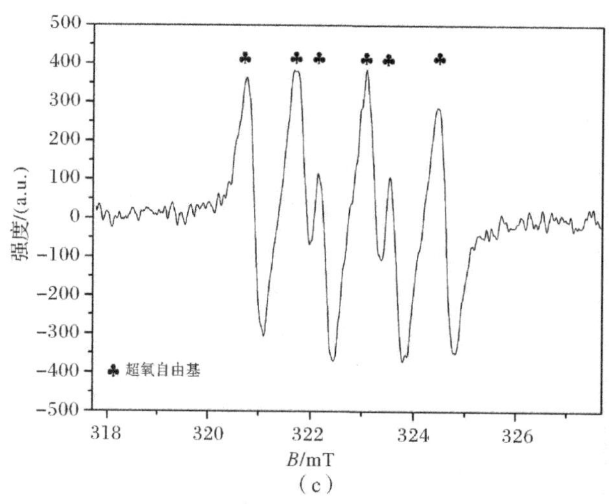

(c)

续图 3.8　HA 对反应体系中活性物质数量的影响

(c)加入 HA 后体系中出现 $O_2^-\cdot$

3.4　卤乙腈降解猝灭实验

在 UV/PMS 氧化体系中，由 EPR 实验[见图 3.6(a)]的结果显示，在降解体系中同时存在 $SO_4^-\cdot$ 、$\cdot OH$ 和 $^1O_2$ 等活性氧簇。这些活性物质均具有较强的氧化性，能有效氧化降解绝大多数污染物。然而，EPR 实验虽然检测出这三种活性物质的存在，但在这三者中，哪一种是在降解过程起主要作用的自由基仍不明确，需要进一步的研究。猝灭实验是一种常用的研究自由基贡献程度的手段，通过加入特定自由基的猝灭剂来掩蔽某种自由基，然后与不加入猝灭剂的对照组进行对比，从而可以确定在降解过程中起主要作用的自由基。

在猝灭实验中，猝灭剂的选择是实验的关键。对于含有 α 氢的醇[如乙醇(Ethanol)]，乙醇与 $\cdot OH$ 的反应速率在 $1.2\times10^9\sim2.8\times10^9$ mol/(L·s)，乙醇与 $SO_4^-\cdot$ 的反应速率在 $1.6\times10^7\sim7.7\times10^7$ mol/(L·s)(见表 3.3)。这表明乙醇与 $\cdot OH$ 的反应速率比与 $SO_4^-\cdot$ 的大约 50 倍。叔丁醇(Tertbutanol，TBA)是一种不含 α 氢的醇，是一种非常有效的 $\cdot OH$ 猝灭剂。叔丁醇与 $\cdot OH$ 的反应速率在 $3.8\times10^8\sim7.6\times10^8$ mol/(L·s)，与 $SO_4^-\cdot$ 的反应速率在 $4\times10^5\sim9.1\times10^5$ mol/(L·s)。叔丁醇与 $\cdot OH$ 的反应速率比与 $SO_4^-\cdot$ 的大约 1 000 倍。在以往的文献中，在 UV 活化 PMS 的氧化过程中，会同时产生 $SO_4^-\cdot$ 和 $\cdot OH$，且在氧化降解过程中，常常是 $SO_4^-\cdot$ 起主要作用，这可能是因为在中性条件下，$SO_4^-\cdot$ 的氧化还原电位比 $\cdot OH$ 的高，所以同有机污染物的反应速率更大。

表 3.3　三种猝灭剂与自由基的二级反应速率

单位：mol/(L·s)

猝灭剂	$k_{\cdot OH}$	$k_{SO_4^-\cdot}$	$k_{^1O_2}$
糠醇	1.5×10^{10}	—	1.2×10^8
叔丁醇	$3.8\times10^8\sim7.6\times10^8$	$4.0\times10^5\sim9.1\times10^5$	1.8×10^3
乙醇	$1.2\times10^9\sim2.8\times10^9$	$1.6\times10^7\sim7.7\times10^7$	—

叔丁醇和乙醇的猝灭实验如图 3.9 所示，CAN、DCAN、TCAN 的初始浓度均为 2 μmol/L，PMS 的投加浓度为 300 μmol/L，叔丁醇和乙醇的投加浓度均过量，为 0.15 mol/L，温度为 25 ℃，pH 为 7.0，紫外线辐照功率为 10 W。如 3.9 图所示，加入叔丁醇后，DCAN 的降解率从 80% 降低到 19.9%；加入乙醇后，DCAN 的降解率降低到 11.5%。CAN 和 TCAN 的猝灭实验结果与 DCAN 类似，叔丁醇和乙醇均能有效抑制反应的进行，且叔丁醇的抑制效果与乙醇的抑制效果相差不大。这表明，在降解过程中，SO_4^- · 和 · OH 都存在，且 · OH 占主导地位，这与许多研究者的研究结果不一致。原因可能是 DCAN 与 · OH 猝灭剂的性质类似，能与 · OH 以很快的速率发生反应，而与 SO_4^- · 的反应速率远远小于与 · OH 的反应速率，因此在降解过程中 DCAN 主要与 · OH 发生反应。当在 UV/PMS 氧化体系中加入叔丁醇后，PMS 活化产生的 · OH 以及由 SO_4^- · 转化而来的 · OH 被叔丁醇迅速猝灭，从而使降解效率显著降低。为了验证这一结论，采用糠醇（Furfuryl Alcohol，FFA）作为猝灭剂做了进一步实验。

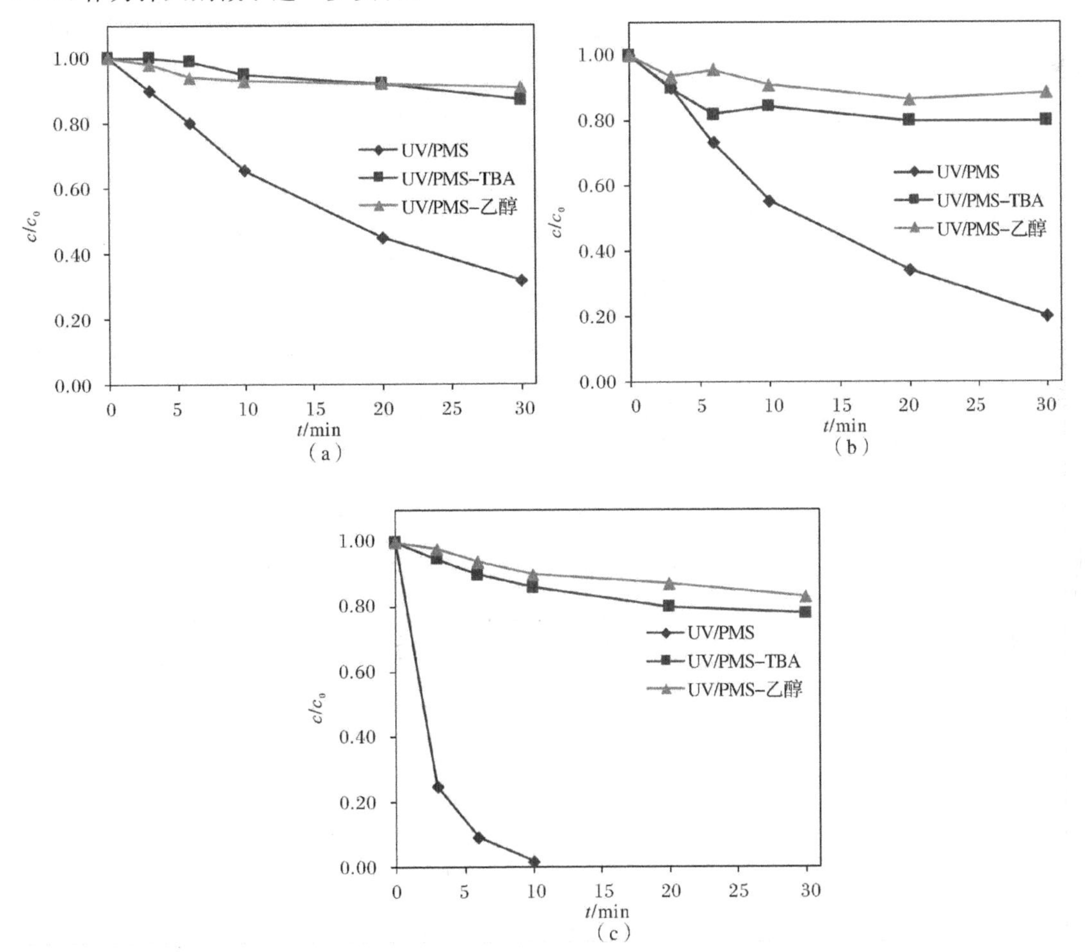

图 3.9　叔丁醇和乙醇猝灭实验

(a)CAN；(b)DCAN；(c)TCAN

由表3.3可知，糠醇与·OH反应得很快，其反应速率能达到1.5×10^{10} mol/(L·s)，与$^1O_2$的反应速率可达1.2×10^{8} mol/(L·s)，而与SO_4^-·几乎不发生反应，因此糠醇也常用作·OH和$^1O_2$的猝灭剂。如图3.10所示，在UV/PMS氧化体系中加入9 mmol/L糠醇后，DCAN的降解率从80%降至9.5%，略大于叔丁醇的猝灭效果，与加入乙醇后降解率的降低程度相当。CAN和TCAN的猝灭实验结果与DCAN类似，糠醇的猝灭效果略好于叔丁醇，与乙醇的猝灭效果相当。这说明，在UV/PMS氧化降解卤乙腈的过程中，·OH起主要作用，从而验证了上述观点。

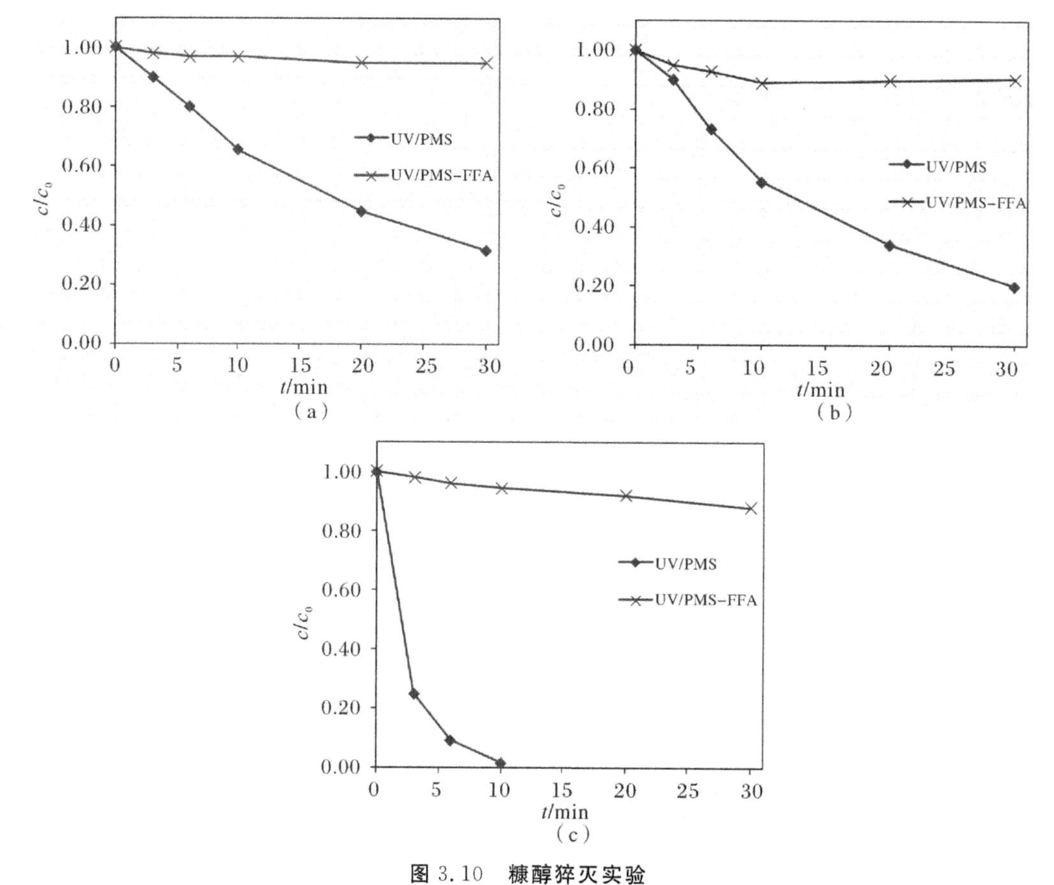

图3.10 糠醇猝灭实验

(a)CAN；(b)DCAN；(c)TCAN

3.5 UV/PMS体系降解卤乙腈的机理分析

本节对卤乙腈的降解机理进行了研究，主要分为两个部分。首先，对卤乙腈降解过程中氯元素和氮元素的物料平衡进行分析，通过计算降解过程中所生成的含氮元素和含氯元素离子的种类和数量，推断反应过程中氯元素和氮元素的转化过程。其次，对卤乙腈的降解产物进行GC-MS分析，测定反应过程中可能生成的中间产物，从而推测卤乙腈的降解路径。

3.5.1　卤乙腈降解过程中氯元素、氮元素的平衡

卤乙腈的结构式中，既含有氮元素也含有氯元素，研究卤乙腈降解过程中氯元素和氮元素的转化过程及其最终形态具有重要意义。本实验中采用离子色谱测定了反应过程中可能出现的含氮元素和含氯元素的离子，通过计算它们的浓度和剩余污染物中的氮、氯含量，判断降解过程中氯元素和氮元素的转化形态。卤乙腈降解过程中，氯元素的转化和氮元素的转化分别如图 3.11 和图 3.12 所示。为了便于检测反应过程中生成的离子浓度，将卤乙腈的初始浓度提高了 10 倍，为 20 μmol/L，PMS 的投加浓度也提高了 10 倍，至 3 mmol/L，温度为 25 ℃，pH 为 7.0，紫外线辐照功率为 10 W。

(1)氯元素的转化

图 3.11 展示了氯元素的转化过程，图中总氯为未被降解的卤乙腈中的氯元素的量与降解过程中产生的 Cl^- 之和。由图 3.11 可知，CAN 在降解过程中的总氯回收率在 98.4%左右，DCAN 的总氯回收率在 87.4%左右，TCAN 的总氯回收率在 81.7%左右。三种卤乙腈的总氯回收率都很高，均大于 80%，这说明在反应过程中，卤乙腈中的氯元素主要转化为 Cl^-。

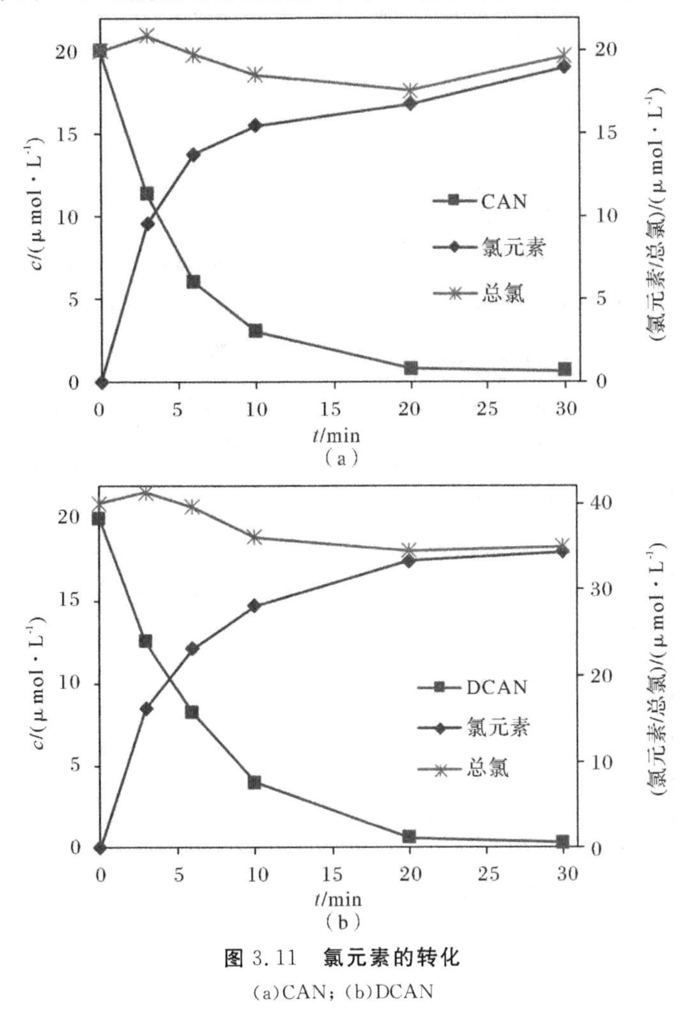

图 3.11　氯元素的转化

(a)CAN；(b)DCAN

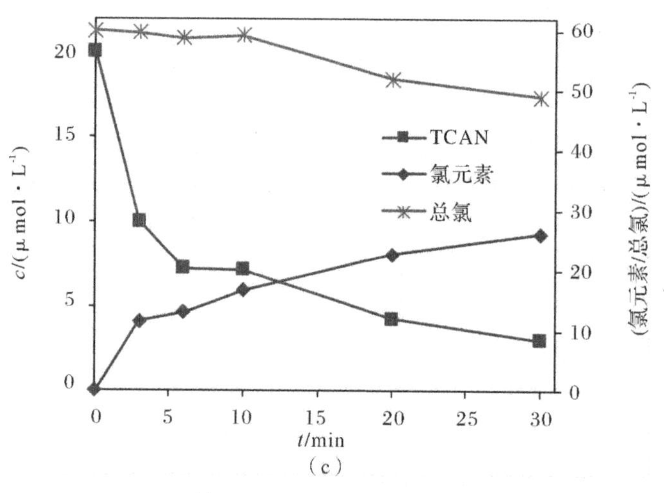

(c)

续图 3.11 氯元素的转化

(c)TCAN

(2)氮元素的转化

卤乙腈降解过程中氮元素的转化如图 3.12 所示。图中总氮为未被降解的卤乙腈中的氮、反应过程中生成的 CN^- 和 NO_3^- 三者之和(降解过程中未检测到 NO_2^-)。由图 3.12(a)可知,降解 30 min 后,总氮的回收率很高,达到 99.1%,说明 CAN 中的氮元素最终转化为硝酸盐和氰化物。总氮有一个明显的变化趋势:在反应的初期,随着反应的进行,总氮逐渐减小,这说明在降解过程中,有含氮中间产物的累积,而这部分中间产物中的氮元素未计算在总氮内,因此在反应初期,随着反应的进行,总氮有一个降低的趋势;随着反应的继续,总氮在经过最低点后又逐渐升高,最终稳定在 20 μmol/L 左右,这说明随着反应的进行继续,反应生成的含氮中间产物被进一步氧化,最终生成 CN^- 或 NO_3^-,因此这一阶段总氮又逐渐升高,回收率逐渐恢复至 100%附近。反应过程中生成的 CN^- 会被氧化为 NH_4^+,如下式所示,在 ·OH 的作用下,NH_4^+ 被氧化为 NO_3^-。

$$CN^- + 2\cdot OH \longrightarrow OCN^- + H_2O + e_{aq}^- \tag{3.18}$$

$$OCN^- + 2H_2O \xrightarrow{\cdot OH} NH_4^+ + CO_3^{2-} + e_{aq}^- \tag{3.19}$$

DCAN 和 TCAN 的降解结果与 CAN 类似,但总氮的回收率分别只有 67.7%和 55.4%,明显低于 CAN 中总氮的回收率。这可能是因为,相比氯化程度较低的 CAN,氯化程度较高的卤乙腈往往需要消耗更多的自由基才能完全矿化,且降解过程中的路径更长更复杂,中间产物更多,因此可能会有更多含氮中间产物的累积。由此可知,虽然图 3.3 中,TCAN 的降解速率较大,大于 DCAN 和 CAN,但降解并不充分,矿化程度不如 DCAN 和 CAN。

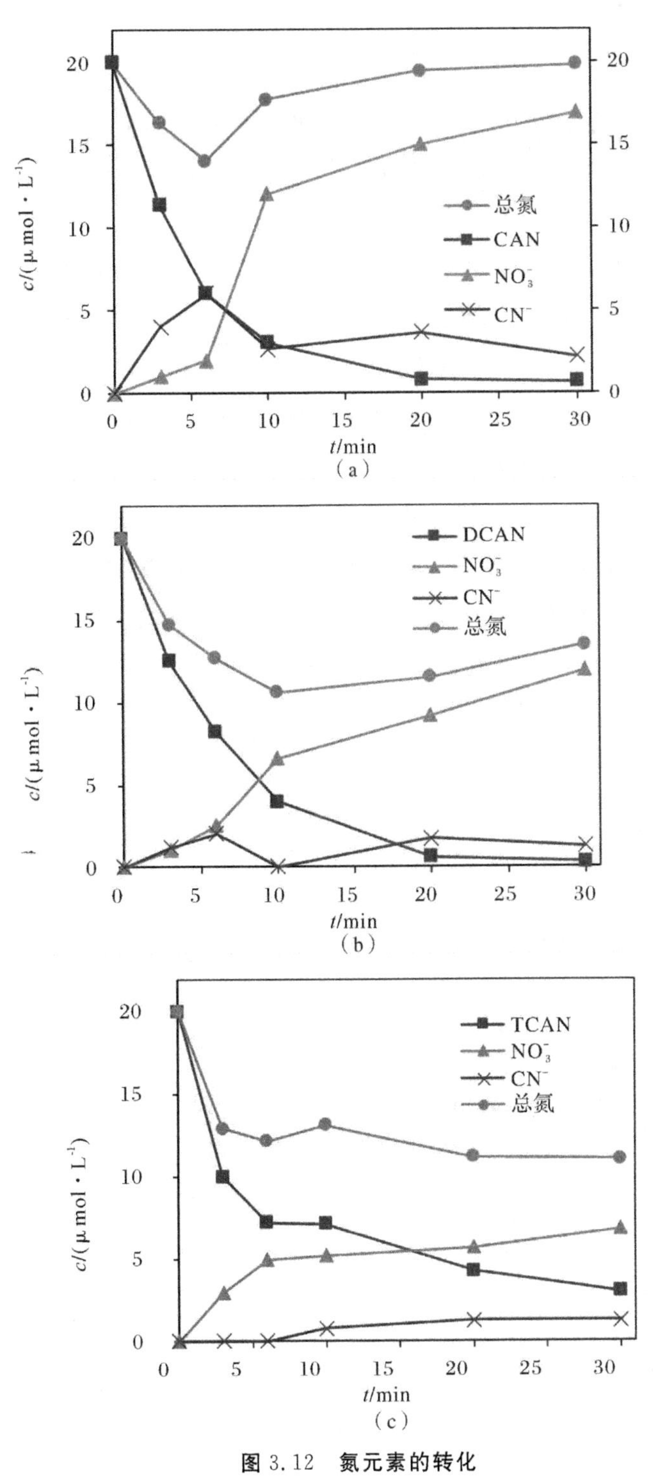

图3.12　氮元素的转化

(a)CAN；(b)DCAN；(c)TCAN

3.5.2 卤乙腈降解路径

由上节实验结果可知，虽然卤乙腈的分子量较小，但其降解过程并不是简单地被直接氧化为无机离子，相反，其降解过程中有较多中间产物的累积。为进一步揭示降解机理，分析降解路径，本节对卤乙腈降解过程中生成的中间产物进行分析，并结合相关文献，给出可能存在的卤乙腈降解路径。

根据 GC－MS 结果，UV/PMS 工艺降解 CAN 的路径如图 3.13 所示。在路径(a)中，CAN 脱去一个氯原子，然后结合羟基生成 $CH_2OH—CN$，$CH_2OH—CN$ 继续转化为 $CH_2OOH—CN$。$CH_2OOH—CN$ 不稳定，容易脱去羟基和氰根形成甲醛，最终，甲醛被进一步氧化为 CO_2 和 H_2O。路径(b)中，CAN 发生脱氢反应失去质子，形成 NCCClH・自由基，该自由基与水中的溶解氧结合形成 NCCClHOO・自由基，NCCClHOO・自由基自我成环，并被氧化为 NCCHO，最终 NCCHO 被矿化，形成 CO_2、H_2O 和 NO_3^-。此外，由图 3.13 所示的路径(a)可知，在反应的初期，Cl^- 生成的速率非常大，且几乎等于 CAN 的降解速率。该结果表明，图 3.13 所示的路径(a)可能是 CAN 降解过程中的主要路径。

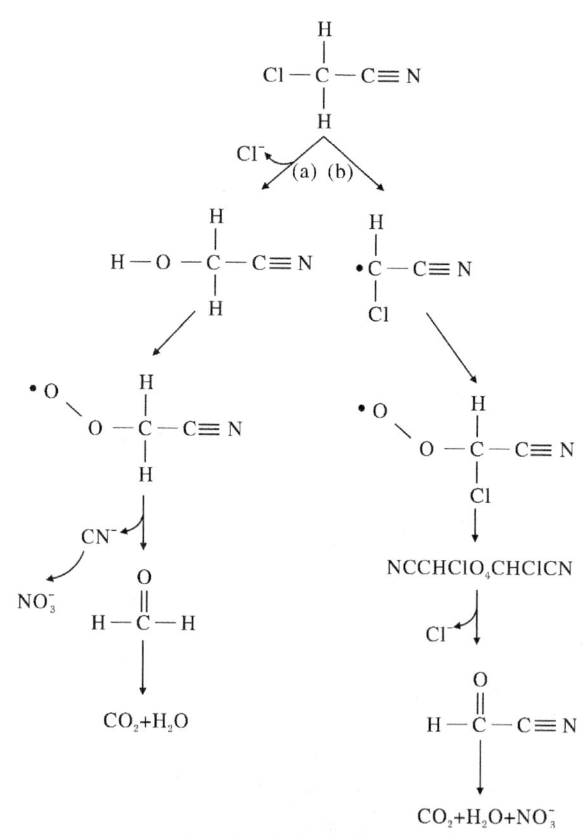

图 3.13　CAN 降解过程中可能存在的路径

DCAN的降解路径如图3.14所示。图3.14中的路径(a)与图3.13中的路径(b)相似，这里不再赘述。分析DCAN的降解产物时，用GC-MS和离子色谱分别检测出了三氯甲烷和CN^-，因此推断出图3.14所示的降解路径(b)。三氯甲烷和CN^-进一步被氧化为CO_2、Cl^-、H_2O和NO_3^-（二氯甲烷在UV/PMS体系中降解得很快，在反应初期就可产生大量的Cl^-，降解过程如图3.15所示）。此外，在降解产物中还发现了二氯乙酰胺的存在，如图3.14中的路径(c)所示，这部分降解路径与之前的研究相一致，通过水解作用或者在HO_2^-的亲核攻击的作用下，卤乙腈能转化为卤代乙酰胺。由图3.11(b)可知，与CAN类似，在DCAN的降解过程中，Cl^-生成的速率非常大，且反应的脱氯率很高。该结果表明，图3.14所示的路径(b)可能是DCAN降解过程中的主要路径。

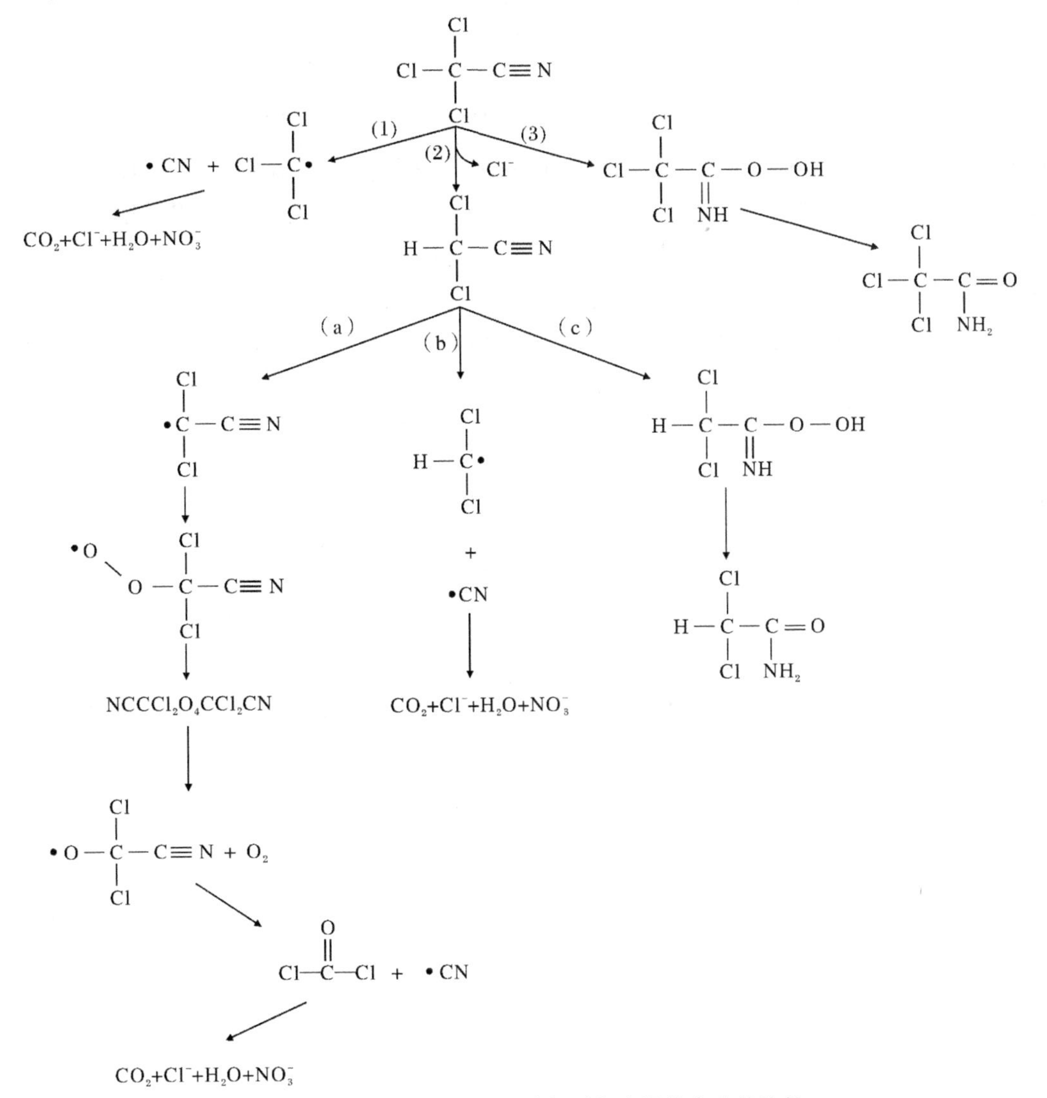

图3.14　DCAN和TCAN降解过程中可能存在的路径

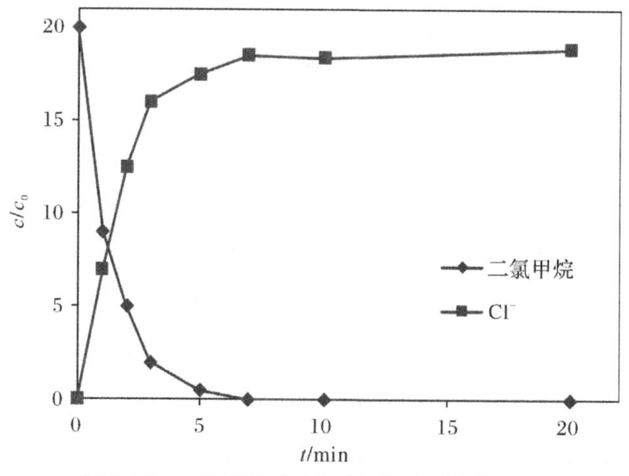

图 3.15　二氯甲烷在 UV/PMS 中的降解过程

TCAN 的降解路径如图 3.14 所示。在图 3.14 所示的路径(1)中，TCAN 中的碳碳单键断裂，形成三氯甲烷和 CN^-，随后被进一步氧化为 CO_2、H_2O、Cl^- 和 NO_3^-，这与前人的研究结果一致。在图 3.14 所示的路径(2)中，TCAN 脱氯，形成 DCAN，然后再进一步降解。图 3.14 所示的路径(3)与图 3.14 所示的路径(c)相似，在水解作用或者 HO_2^- 的亲核攻击的作用下，TCAN 转化为三氯乙酰胺。此外，在降解 TCAN 的过程中，检测到有大量的 DCAN 生成，如图 3.16 所示，由此结果推测，图 3.14 所示的路径(2)是 TCAN 降解过程中的主要路径。

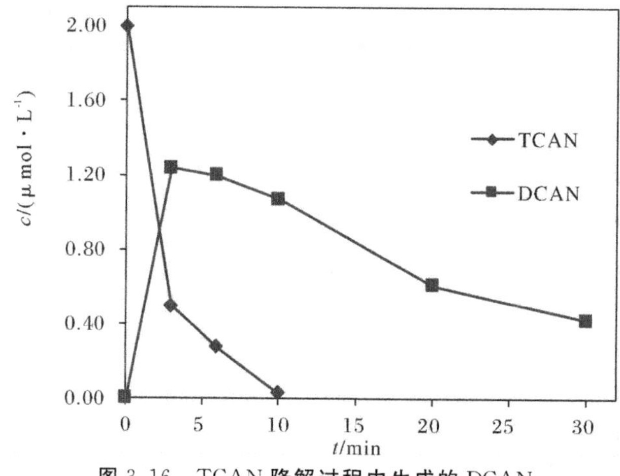

图 3.16　TCAN 降解过程中生成的 DCAN

第4章 Fe_3O_4/β－FeOOH 纳米磁性复合材料催化 PMS 降解 SMX 的效能研究

抗生素作为一类新兴污染物，由于其在环境中越来越多地被检出，所以受到社会和学界的广泛关注。高级氧化技术被认为可以更有效地降解抗生素。然而，传统单一过渡金属氧化物催化 PMS 受到环境条件的限制，因此效果不佳。两种不同过渡金属氧化物组成的复合材料，通常具有优异的 PMS 催化效能。在本章中，以 $FeCl_3$ 为前驱物，制备基于铁氧化物的二元复合材料，并考察其对磺胺嘧唑（SMX）的降解效能，分析其反应机理。

4.1 Fe_3O_4/β－FeOOH 纳米磁性复合材料的制备

Fe_3O_4/β－FeOOH 由简易水热法合成。首先，称量 5.4 g $FeCl_3 \cdot 6H_2O$ 以及 1.5 g 聚乙烯吡咯烷酮（Polyvinyl Pyrrolidone，PVP）溶于 200 mL 超纯水中，超声 5 min 使溶质分散，在 353 K 下磁力搅拌、加热 1 h。随后，在前述混合液中加入 1.0 g $FeCl_2 \cdot 4H_2O$，逐滴加入浓度为 2.0 mol/L 的 NaOH 溶液直至混合液 pH 为 6，继续在 353 K 下磁力搅拌、加热 2 h 后自然冷却至室温。最后通过外加磁场将产物与母液分离，使用超纯水与无水乙醇交替洗涤 3 遍，置入 323 K 烘箱隔夜烘干，得到红棕色产物。

PVP 是一种非离子型水溶性高分子聚合物，在溶液中，会与金属离子成键，在晶体形成过程中会包裹在颗粒表面，具有防止金属氧化物在制备过程中聚集成块、保证所合成颗粒处于纳米尺度的作用。

4.2 Fe_3O_4/β－FeOOH 物化性质表征

4.2.1 晶相分析

所合成样品的 X 射线衍射（X－Ray Diffraction，XRD）图谱如图 3.1 所示。通过 Jade 软件处理并结合粉末衍射卡片（Powder Diffraction File，PDF）卡片库分析可知，所合成复合催化剂的特征峰与面心立方晶型的 Fe_3O_4（JCPDS No. 79－0417，$a=b=c=0.839\ 4$ nm）以及四方晶系的 β－FeOOH（JCPDS No. 80－1770，$a=1.054$ nm，$c=0.303$ nm）相契合，表

明所合成样品为 Fe_3O_4 及 β－FeOOH 两种铁氧化物的混合物。

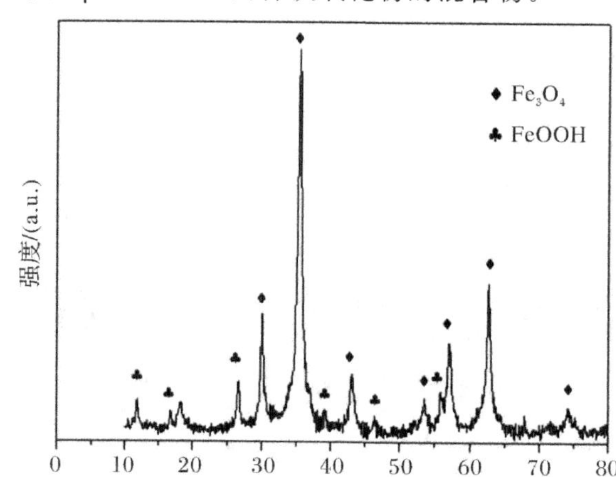

图 4.1 Fe_3O_4/β－FeOOH 的 XRD 图谱

4.2.2 元素价态分析

所制备样品表面的元素构成及元素价态由 XPS 分析测定，结果如图 4.2 所示。从图 4.2可以看出，在 Fe 2p 精细谱中存在五处特征峰，通过与相关文献进行对比得出，结合能为 710.06 eV、723.96 eV 的特征峰属于 Fe(Ⅱ)，结合能为 711.60 eV、725.50eV 的特征峰属于 Fe(Ⅲ)，718.83 eV 处为振动卫星峰，由此可得，所制备样品表面的元素及其价态为 Fe(Ⅱ)与 Fe(Ⅲ)，且 Fe(Ⅲ)含量远高于 Fe(Ⅱ)。

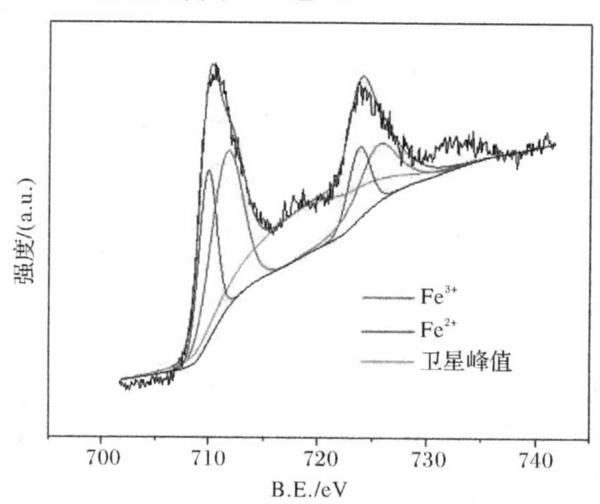

图 4.2 Fe_3O_4/β－FeOOH 的 XPS 图谱(Fe 2p)

4.2.3 形貌分析

图 4.3 为 Fe_3O_4/β－FeOOH 的透射电子显微镜(Transmission Electron Microscope, TEM)图像。由图 4.3 可得，所制备样品中 β－FeOOH 颗粒为纺锤状，其颗粒尺寸为长 110～200 nm、宽 33～43 nm。尺寸约为 20 nm 的立方体颗粒为 Fe_3O_4，从图 4.3 中可以看

出，Fe_3O_4 颗粒镶嵌生长在 β - FeOOH 颗粒表面，进一步证明了本实验成功制备了 Fe_3O_4/β -FeOOH 复合催化剂。

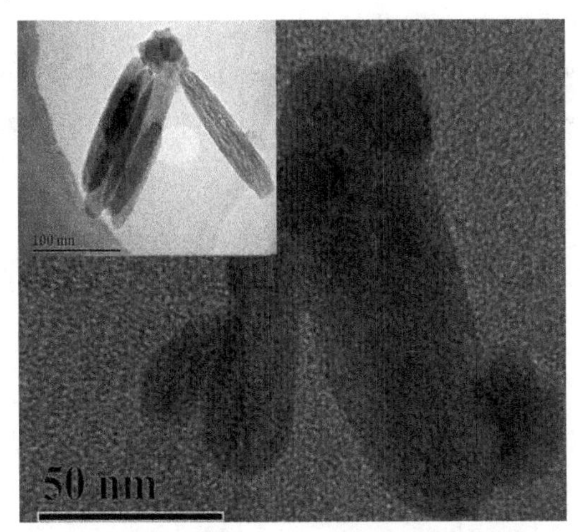

图 4.3　Fe_3O_4/β - FeOOH 的 TEM 图像

4.2.4　磁特性分析

Fe_3O_4/β - FeOOH 的磁特性借助振动式磁强计测定。图 4.4 为 Fe_3O_4/β - FeOOH、Fe_3O_4 及 β - FeOOH 在 300 K 下的磁滞回线图。

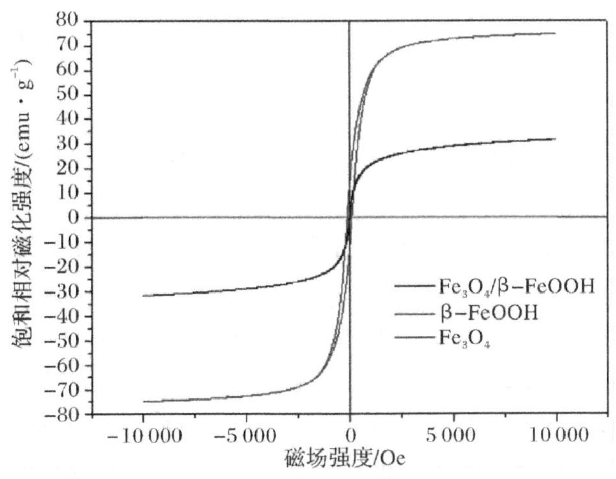

图 4.4　Fe_3O_4/β - FeOOH 纳米磁性颗粒的磁滞回线图

从图 4.4 中可以看出，Fe_3O_4/β - FeOOH 在磁场强度为 9.5 kOe($1\ \mathrm{Oe}=\frac{1\ 000}{4\pi}\ \mathrm{A/m}$)时达到磁饱和，此时的饱和相对磁化强度为 31.41 emu/g，其 S 形磁滞回线及小于 0.5 Oe 的剩磁表明所制备的 Fe_3O_4/β - FeOOH 为典型的顺磁性材料，即存在外加磁场的条件下能够实现快速分离，磁场消失时，该材料立即失去磁性。试验结果表明，Fe_3O_4/β - FeOOH 可以实现其在废水中的快速分离，便于收集及重复利用。Fe_3O_4 的饱和相对磁化强度为 74.86 emu/g，剩磁为 124.65 Oe，而 β - FeOOH 并未表现出明显磁性。

4.2.5 比表面积分析

材料比表面积是表征催化剂的重要指标。材料比表面积越大,催化活性位点就越多,并且在投加量相同条件下,催化剂与PMS接触面积越大,越有利于提高催化剂的催化能力。图4.5为样品的氮气吸附/脱附等温线和相关的孔隙分布图。从图4.5中可以看出,Fe_3O_4/β-FeOOH的氮气吸附/脱附等温线属于Ⅳ型等温线,并且具有典型的H3型滞留环。由软件计算得到所制备的Fe_3O_4/β-FeOOH的比表面积为111.91 m^2/g,远高于前人制备的Fe_3O_4纳米颗粒材料(86.55 m^2/g)以及Fe_2O_3纳米颗粒(24.76 m^2/g)的。此外,由Barret-Joyner-Hahenda孔径分布计算模型分析可知,Fe_3O_4/β-FeOOH的平均孔径为14.81 nm,孔累计吸附比表面积为154.314 m^2/g,展现出了极强的吸附能力及催化潜力。

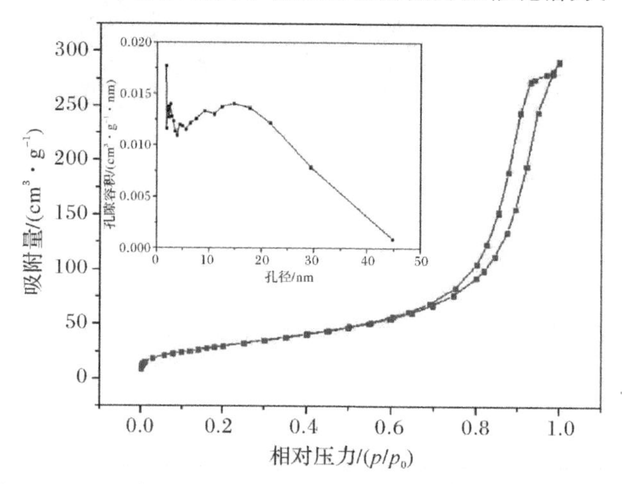

图4.5 Fe_3O_4/β-FeOOH氮气吸附/脱附等温线及其孔隙分布图

4.3 不同体系催化PMS降解SMX的效能比较

本节将对Fe_3O_4/β-FeOOH催化PMS降解磺胺嘧唑(Sulfamethoxazole,SMX)的效能进行比较。首先考察了不同催化体系对SMX的降解效能,结果如图4.6所示。不同催化体系包括以下几种:仅投加Fe_3O_4/β-FeOOH(曲线A)、单独投加PMS(曲线B)、投加Fe_3O_4+PMS(曲线C)、投加β-FeOOH+PMS(曲线D)、投加Fe_3O_4与β-FeOOH的机械混合物(物质的量之比为1:2)+PMS(曲线E)、投加Fe_3O_4/β-FeOOH纳米复合催化剂+PMS(曲线F)。反应条件:初始SMX浓度为5 mg/L,催化剂投加浓度为0.2 g/L,氧化剂投加浓度为0.15 g/L,温度为298 K,pH由硼酸-四硼酸钠缓冲液稳定在7.5±0.1。

由图4.6(a)可知,单独投加Fe_3O_4/β-FeOOH,30 min时仅有5.7%的SMX由于催化剂的吸附作用被降解;同样,单独投加PMS对SMX的降解能力也十分有限。在催化剂+PMS的体系中,投加Fe_3O_4时,SMX的降解率为22%,而在相同条件下,投加β-FeOOH时,SMX的降解率可达94%,投加Fe_3O_4与β-FeOOH的机械混合物时,SMX的降解率为

75%，投加 Fe_3O_4/β－FeOOH 纳米复合催化剂时，SMX 的降解率提高至 91%。此外，在所合成的 Fe_3O_4/β－FeOOH 纳米复合材料中，β－FeOOH 的质量分数约为 43.4%（Fe_3O_4 与 β－FeOOH物质的量之比为 1∶2）。为明确 Fe_3O_4 在复合催化剂中的作用，同样考察了 0.086 8 g/L β－FeOOH（催化剂总投加浓度的 43.4%）与 PMS 体系催化降解 SMX 的能力（曲线 G），30 min时 SMX 降解率为 61%。Fe_3O_4/β－FeOOH 与 β－FeOOH 相比，具有近乎相同的催化效能，同时利用其磁性特征更易实现反应体系的固液相分离。因此，在后续 SMX 降解实验中，将以 Fe_3O_4/β－FeOOH＋PMS 作为进一步研究的催化体系。

由图 4.6(b)可知，Fe_3O_4/β－FeOOH/PMS 催化体系降解 SMX 遵循拟一级反应动力学（$R^2 > 0.95$），催化剂为 Fe_3O_4、β－FeOOH、0.086 8 g/L β－FeOOH、机械混合 Fe_3O_4/β－FeOOH，以及 Fe_3O_4/β－FeOOH 复合材料时所对应的反应速率常数（k_{obv}）分别为0.010 5 min^{-1}、0.086 8 min^{-1}、0.033 1 min^{-1}、0.051 3 min^{-1}和 0.078 2 min^{-1}。上述结果表明：①β－FeOOH 中的 Fe(Ⅲ)与 Fe_3O_4 相比展现出极强的 PMS 催化活性；②以简易、节能的方法所制备的 Fe_3O_4/β－FeOOH 纳米复合催化剂极具 PMS 活化潜力；③在 Fe_3O_4/β－FeOOH复合材料表面的 Fe_3O_4 与 β－FeOOH 界面处可能存在协同效应。

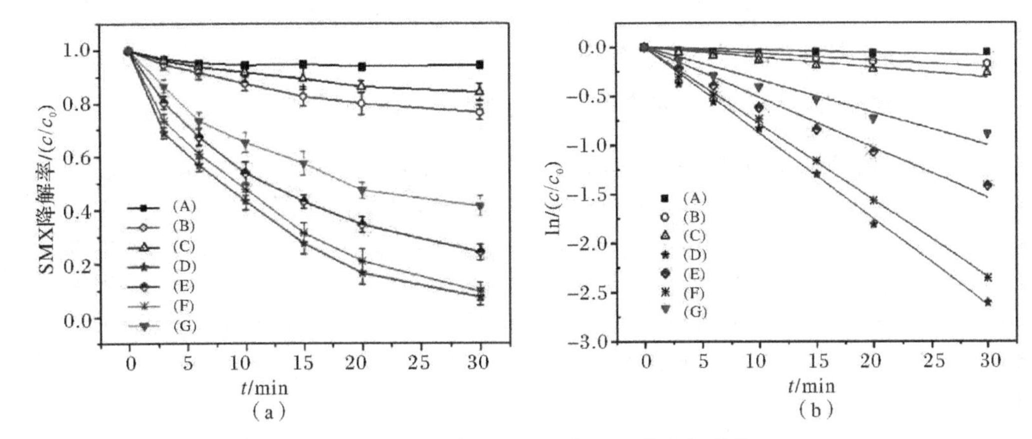

图 4.6　SMX 在不同催化体系下的降解效能

(a)SMX 降解率；(b)拟一级动力学分析

4.4　不同操作条件对 Fe_3O_4/β－FeOOH 催化 PMS 降解 SMX 的效能影响分析

为了满足实际工程需求，本节主要考察不同操作条件对 Fe_3O_4/β－FeOOH 催化 PMS 降解 SMX 效能的影响。默认实验条件：初始 SMX 浓度为 5 mg/L，催化剂投加浓度为 0.2 g/L，氧化剂投加浓度为 0.15 g/L（投加浓度比 PMS∶SMX＝30∶1），温度为 298 K，pH＝7.5，实验控制单一变量，当一种条件改变时，其他参数保持不变。

4.4.1 催化剂投加浓度的影响

不同催化剂投加浓度对 SMX 降解影响如图 4.7 所示。催化剂投加浓度与反应速率常数间可以建立线性关系（$R^2=0.96$），线性方程：$k_{obv}=0.0253\ min^{-1}+m(Catalyst)_0\times 0.203\ L/(g\cdot min)$。更高的催化剂投加浓度意味着体系中存在更多活性点位，在相同时间内可以活化更多 PMS，有利于 SMX 降解。

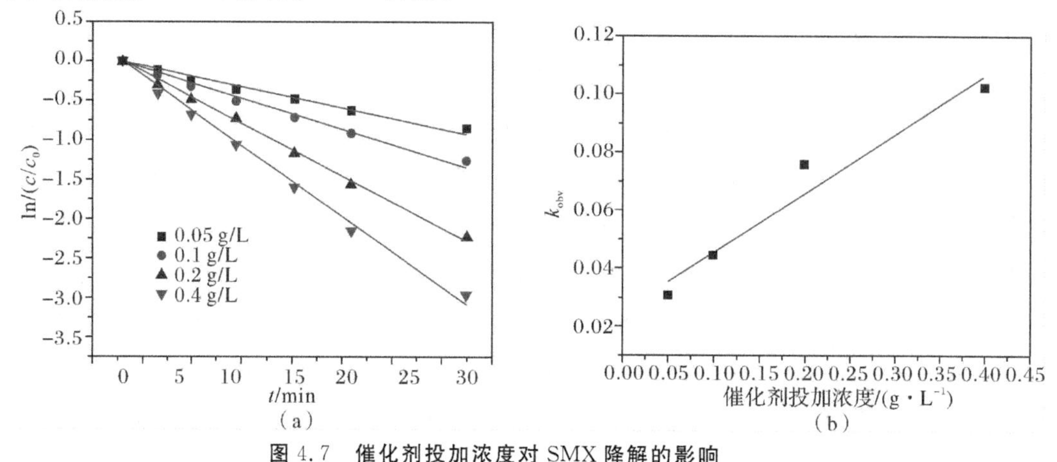

图 4.7 催化剂投加浓度对 SMX 降解的影响

(a)不同催化剂投加浓度下的拟一级动力学分析；(b)催化剂投加浓度与反应速率常数关系

4.4.2 氧化剂投加浓度的影响

图 4.8 为不同 PMS 投加浓度对物质的量之 SMX 降解速率的影响。由图 4.8 可得，SMX 的降解率随着 PMS 投加浓度的升高而升高。当 PMS 与 SMX 投加浓度比从 10∶1 提高至30∶1 时，k_{obv} 由 0.029 8 min^{-1} 增大至 0.075 4 min^{-1}；当 PMS 与 SMX 投加浓度比从 30∶1 提高至 70∶1时，k_{obv} 逐渐下降。在 PMS 投加浓度较低时，催化剂表面的活性位点不能被完全利用，PMS 投加浓度为 SMX 降解的主要限制因素。然而，随着 PMS 投加浓度逐渐升高，催化剂表面的活性位点利用率也随之增加并趋近饱和，即在高 PMS 投加浓度下，催化剂表面的活性位点数量替代 PMS 成为反应的主要限制因素。

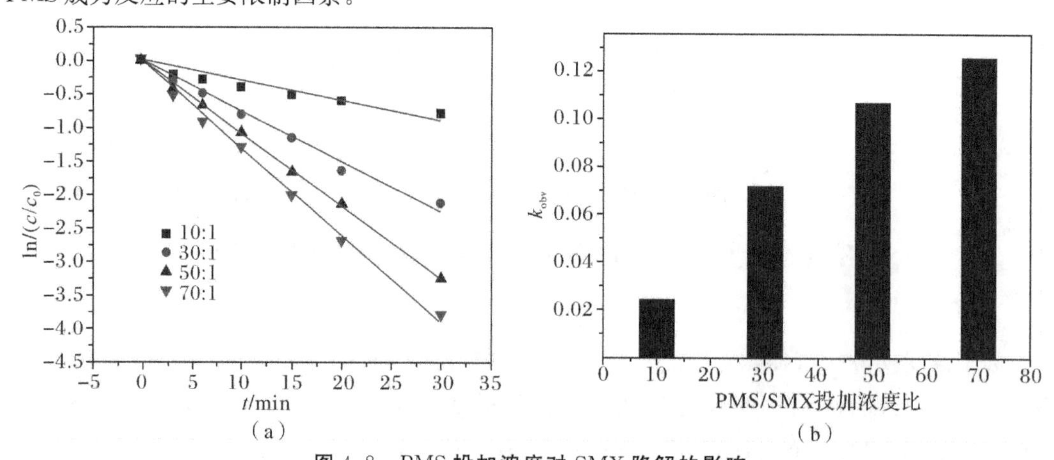

图 4.8 PMS 投加浓度对 SMX 降解的影响

(a)不同 PMS 投加浓度下的拟一级动力学分析；(b)不同 PMS 投加浓度下的反应速率常数

4.4.3　温度的影响

温度是影响 PMS 活化效率的重要因素之一。图 4.9(a)展示了不同温度对 SMX 降解的影响。当温度为 288 K 时，k_{obv} 仅为 0.025 1 min^{-1}，而当温度逐渐提高到 328 K 时，k_{obv} 可达到 0.322 min^{-1}。此外，温度与 k_{obv} 的关系由阿伦尼乌斯公式拟合进一步得出[见图 4.9(b)，R^2=0.96]，通过拟合所得体系表观活化能为 37.41 kJ/mol。阿伦尼乌斯公式为

$$\ln k_{obv} = \frac{-E_a}{RT} + C \tag{4.1}$$

式中：k_{obv} 为反应速率常数，min^{-1}；E_a 为体系的表观活化能，kJ/mol；R 为摩尔气体常数，8.314 J/(mol·K)；T 为热力学温度，K。

通过对比反应活化能与反应类型的关系可知，Fe_3O_4/β - FeOOH/PMS 催化体系为由催化反应速率所主导的动力学控制反应而并非由传质效率所主导的扩散控制反应，后者表观活化能通常为 10～13 kJ/mol 。此外，通过相同方法求出 Fe_3O_4/PMS 催化体系的表观活化能为 45.1 kJ/mol，进一步验证了 Fe_3O_4/β - FeOOH 催化 PMS 降解 SMX 的能力优于 Fe_3O_4。

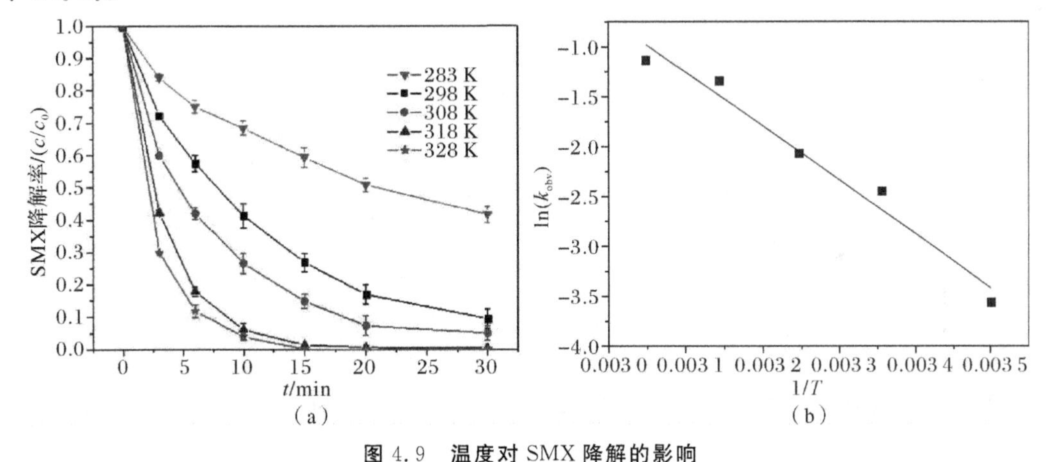

图 4.9　温度对 SMX 降解的影响

(a)不同温度下 SMX 的降解情况；(b)Fe_3O_4/β - FeOOH /PMS 体系中 ln(k_{obv})与 1/T 的关系

4.4.4　pH 的影响

对催化反应而言，反应体系的 pH 是影响反应速率的又一主要因素。由图 4.10 可知，在中性条件下 SMX 的降解率最高，为 91%，而在酸性(pH=4)及碱性(pH=9.5)条件下，SMX 的降解率急速下降，分别为 21%和 48%。为了避免 CO_3^{2-} 等部分阴离子对 PMS 活化体系的强烈干扰，本研究使用硼酸-四硼酸钠缓冲体系替代碳酸缓冲体系及磷酸缓冲体系将 pH 稳定在设定值。

pH 对催化效能产生巨大影响的原因是，其可以改变催化剂表面电荷及 PMS 存在形式。具体而言，Fe_3O_4 与 β - FeOOH 的等电点(pH_{pzc})分别为 7.1 和 7.5，即在中性条件下，催化剂表面几乎为电中性，而当 pH 高于或低于 pH_{pzc}时，催化剂表面将带负电荷或正电荷。

另一方面，PMS 的 pK_{a1} 及 pK_{a2} 分别为 0 和 9.4，当 pH < 9.4 时，PMS 在体系中的存在形式为 HSO_5^-，而当 pH >9.4 时，存在形式为 SO_5^{2-}。在酸性条件下，H^+ 与 HSO_5^- 中的O—O键会形成较多氢键，阻碍了带正电荷的催化剂表面与 PMS 反应，再者，根据如下反应，$SO_4^- \cdot$ 与 $\cdot OH$ 会被 H^+ 捕捉，同样也会降低 SMX 的降解率。

$$SO_4^- \cdot + H^+ + e^- \longrightarrow HSO_4^- \cdot \tag{4.2}$$

$$OH \cdot + H^+ + e^- \longrightarrow H_2O \tag{4.3}$$

在碱性条件下，电子斥力降低了 SO_5^{2-} 与带负电荷催化剂表面间的相互作用。此外，PMS 通过非自由基途径的自分解以及体系溶出铁离子沉淀也会在碱性条件下阻碍 SMX 的降解。而在中性条件下，催化剂表面与 HSO_5^- 间排斥力最弱。因此，中性是催化反应进行的最佳条件。

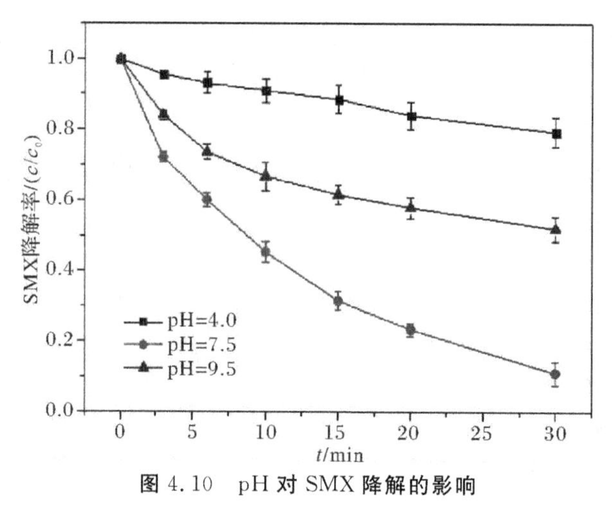

图 4.10　pH 对 SMX 降解的影响

4.5　Fe_3O_4/β－FeOOH 的稳定性及可重复利用性分析

催化剂的稳定性及可重复利用性是催化剂性能评价的重要指标。图 4.11 显示了五次循环实验中 SMX 的降解率及铁离子的溶出浓度，前一次实验使用的催化剂由外加磁场分离清洗后再投入下一次使用。由图 4.11 可得，随着催化剂重复使用次数的增加，SMX 的降解率逐渐下降，但下降速率较小。在第五次实验中，30 min 时 SMX 的降解率为 81%，与第一次实验相比仅降低了 10%。在中性条件下，第一次实验铁离子的溶出浓度为 0.29 mg/L，在第五次实验后稳定在 0.51 mg/L，仅占体系中催化剂总铁含量的 0.14%～0.25%。为了探究溶出铁离子在反应体系中的作用，进行了均相催化实验，如图 4.12 所示，当投加 0.29 mg/L 的Fe(Ⅱ)与Fe(Ⅲ)时，30 min 内 SMX 的降解率仅分别为 23%和 20%。以上结果说明，Fe_3O_4/β－FeOOH 对环境影响极小，并且在 Fe_3O_4/β－FeOOH 活化 PMS 体系中，非均相催化体系占主导地位。五次循环实验中 SMX 的矿化率见图 4.13，催化剂经过五次循环使用后，SMX 的矿化率由 51%降至 42%，远高于纳米 $Bi_2Fe_4O_9$ 催化 PMS 降解 SMX 的矿化率(14%)。

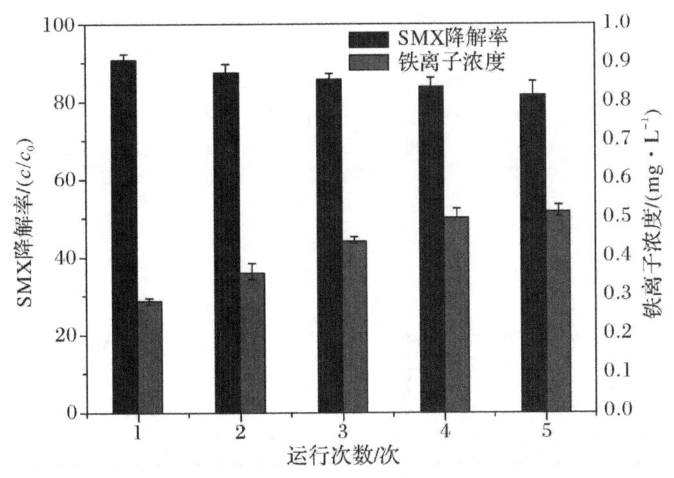

图 4.11　$Fe_3O_4/\beta-FeOOH$ 在活化 PMS 降解 SMX 体系中的稳定性及可重复利用性

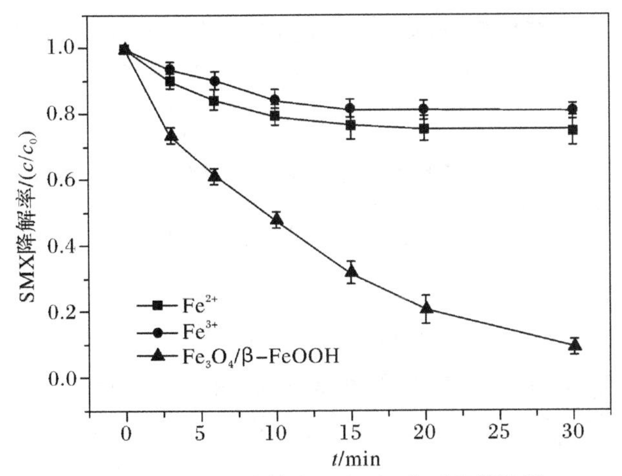

图 4.12　SMX 在铁离子/PMS 体系下的降解

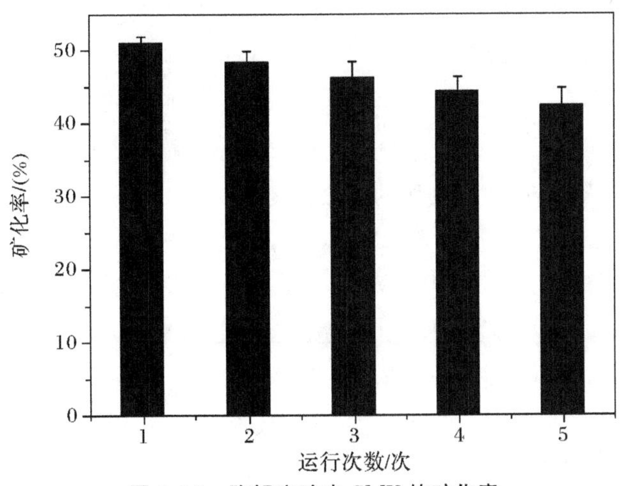

图 4.13　降解实验中 SMX 的矿化率

通过对参加反应前、后催化剂的 XRD 图谱进行分析比较，可以进一步对催化剂的稳定性及可重复利用性进行评估，由图 4.14(a)可以看出，催化剂在参加反应前、后的 XRD 特征峰几乎没有变化，进一步证明了催化剂具有极强的稳定性。

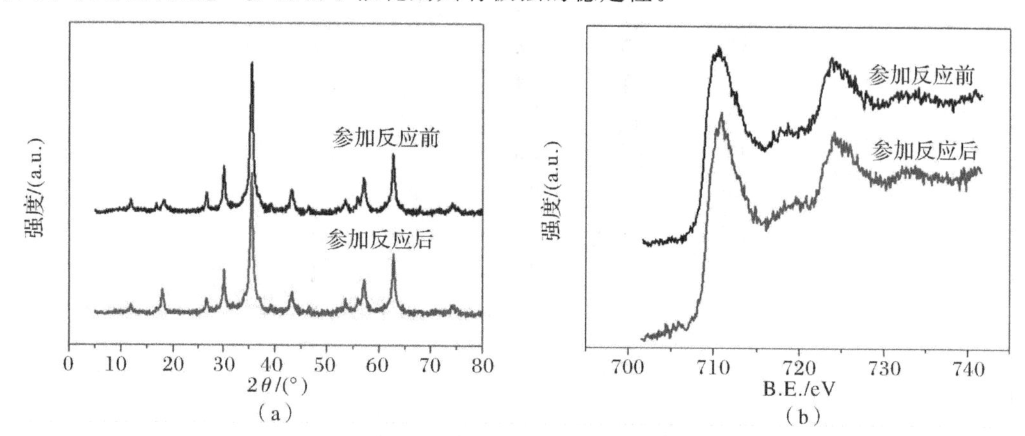

图 4.14　催化剂参加反应前、后的 XRD 图谱和 Fe XPS 图谱比较

(a)XRD 图谱；(b)Fe 2p XPS 图谱

4.6　$Fe_3O_4/\beta-FeOOH$ 催化 PMS 降解 SMX 反应中产生自由基的分析

在 PMS 活化过程中，$\cdot OH$、$SO_4^- \cdot$ 以及 $SO_5^- \cdot$ 是三种主要的自由基，由于 $SO_5^- \cdot$ 的氧化性极弱，所以可以忽略其在催化体系中对 SMX 降解的贡献。本节将进行数组猝灭实验，以明确 $Fe_3O_4/\beta-FeOOH$/PMS 催化体系中起主导作用的自由基种类。由于反应速率具有差异，所以选取无水乙醇及叔丁醇(TBA)作为 $SO_4^- \cdot$ 及 $\cdot OH$ 的猝灭剂。无水乙醇与 $SO_4^- \cdot$ 及 $\cdot OH$ 的反应速率分别为 $1.6\times10^7\sim7.7\times10^7$ mol/(L·s) 和 $1.2\times10^9\sim2.8\times10^9$ mol/(L·s)。TBA 同样可以实现与 $\cdot OH$[$3.8\times10^8\sim7.6\times10^8$ mol/(L·s)]的快速反应，但与无水乙醇相比，其与 $SO_4^- \cdot$ [$4.0\times10^5\sim9.1\times10^5$ mol/(L·s)]间的反应速率大大减小。因此，实验中将使用无水乙醇与 TBA 来区分 $SO_4^- \cdot$ 和 $\cdot OH$。图 4.15 显示，在投加 0.6 mol/L 的无水乙醇与 TBA(猝灭剂与 PMS 物质的量之比为 1 000∶1)后，SMX 的降解率分别由 91% 降至 60%及 83%。此结果表明，在 SMX 的降解过程中的确有 $\cdot OH$ 和 $SO_4^- \cdot$ 生成，但二者都不是引起 SMX 降解的主要原因。另一方面，投加少量的 Na_2SO_3 即可完全终止反应，这表明在 SMX 的降解过程中可能存在非自由基途径。因此，在 $Fe_3O_4/\beta-FeOOH$ 活化 PMS 体系中可能有 $^1O_2$ 生成。在其他报道中，糠醇(FFA)可以作为 $^1O_2$[1.2×10^8 mol/(L·s)]的有效捕获剂。图 4.15 中数据表明，在 FFA 存在时，仅有 24%的 SMX 得到降解，证明了 $^1O_2$ 的存在。值得注意的是，FFA 也是 $\cdot OH$[1.5×10^{10} mol/(L·s)]的有效猝灭剂，如果 $\cdot OH$ 在反应体系中起主导作用，那么 TBA 与 FFA 的猝灭实验数据应当相似，然而通过比较

TBA(83%)与FFA(24%)对SMX降解的影响可知，FFA具有更强的抑制效果，因此，$^1O_2$在催化体系中起主导作用。由于$^1O_2$并非自由基，而·OH、SO_4^-·以及$^1O_2$均属于活性氧簇(Reactive Oxygen Species, ROS)。因此在后文中，将以“ROS”代替“自由基”作为催化反应中强氧化性含氧物质的统称。

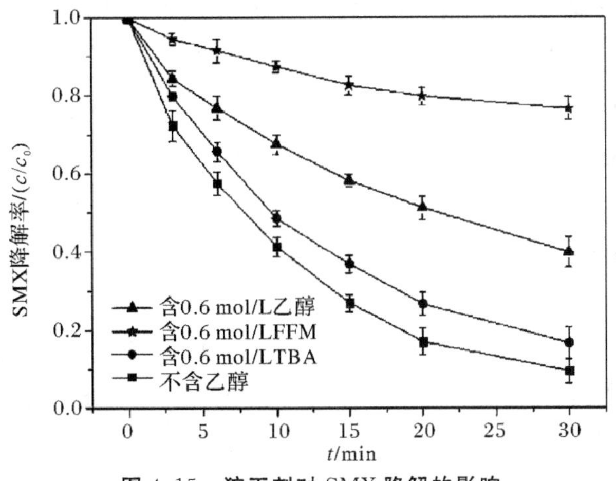

图4.15　猝灭剂对SMX降解的影响

为了进一步明确Fe_3O_4/β-FeOOH/PMS体系中生成的ROS，本研究以5,5-二甲基-1-吡咯啉-N-氧化物(DMPO)和四甲基哌啶醇(TMP)作为自由基捕捉剂对反应体系进行ESR分析。如图4.16(a)所示，DMPO-SO_4及DMPO-OH的典型信号峰均出现在ESR图谱中，证明了·OH与SO_4^-·的存在，与猝灭实验结果一致。此外，TMP能与$^1O_2$反应并转化为较为稳定的氮氧自由基(TMPO)形式。在本研究中，以TMP作为捕捉剂在ESR图谱中出现了典型的TMPO特征峰(aN=16.9 G，g=2.005 4)，如图4.16(b)所示，进一步证明了$^1O_2$的存在。综上所述，在Fe_3O_4/β-FeOOH催化PMS降解SMX的反应中，SO_4^-·、·OH以及$^1O_2$均有生成，而$^1O_2$在SMX的降解中起主要作用。

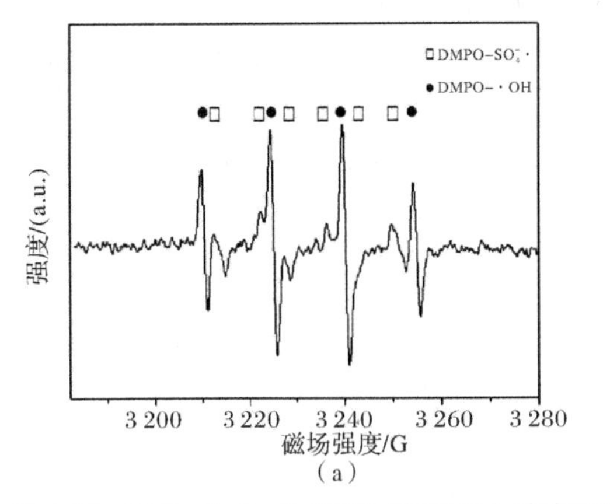

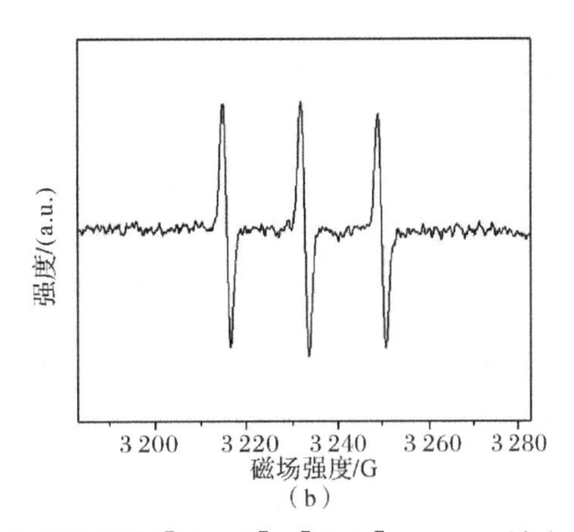

图4.16　在Fe_3O_4/β-FeOOH/PMS自由基捕捉剂的ESR图谱([DMPO]=[TMP]=0.1 mol/L)

(a)DMPO；(b)TMP

4.7 Fe_3O_4/β－FeOOH 催化 PMS 机理分析

一般而言，过渡金属氧化物能够催化 PMS 的原因在于催化剂表面的可变价金属，对于本体系，Fe_3O_4/β－FeOOH 表面的 Fe(Ⅲ)及 Fe(Ⅱ)应对 PMS 的催化起到重要作用。因此，本研究用 XPS 分析了参加反应前后催化剂表面元素价态的变化。催化剂反应前、后的 Fe 2p XPS 图谱如图 4.13 (b) 所示，反应前催化剂在 710.50 eV 处存在强 Fe $2p_{3/2}$信号峰，而经过反应后，Fe $2p_{3/2}$ 信号峰位置由 710.50 eV 位移至 710.91 eV，结合图 4.2 可知，Fe(Ⅱ)峰位置所对应的结合能小于 Fe(Ⅲ)，因此结果证明了在催化反应进程中，催化剂表面的部分 Fe(Ⅱ)转化为 Fe(Ⅲ)。

最终，结合前文实验结论与前人研究，提出了 Fe_3O_4/β－FeOOH 催化 PMS 的两条机理路径。其中涉及的反应式如下：

$$\equiv Fe^{III}_{FeOOH}-OH+HSO_5^- \longrightarrow \equiv Fe^{III}_{FeOOH}-(O)O\,SO_3^- + H_2O \tag{4.4}$$

$$\equiv Fe^{III}_{FeOOH}-(O)O\,SO_3^- + H_2O \longrightarrow \equiv Fe^{II}_{FeOOH}-OH+SO_5^-\cdot + H^+ \tag{4.5}$$

$$\equiv Fe^{II}_{FeOOH}-OH+HSO_5^- \longrightarrow \equiv Fe^{II}_{FeOOH}-(O)O\,SO_3^- + H_2O \tag{4.6}$$

$$\equiv Fe^{II}_{FeOOH}-(O)O\,SO_3^- + H_2O \longrightarrow \equiv Fe^{III}_{FeOOH}-OH+SO_4^-\cdot + OH^- \tag{4.7}$$

$$\equiv Fe^{II}_{FeOOH}-(O)O\,SO_3^- + H_2O \longrightarrow \equiv Fe^{III}_{FeOOH}-OH+SO_4^{2-} + \cdot OH \tag{4.8}$$

$$\equiv Fe^{II}_{FeOOH}-OH+\equiv Fe^{III}_{Fe_3O_4}-OH \longrightarrow \equiv Fe^{III}_{FeOOH}-OH+\equiv Fe^{II}_{Fe_3O_4}-OH \tag{4.9}$$

$$\equiv Fe^{II}_{Fe_3O_4}-OH+HSO_5^- \longrightarrow \equiv Fe^{II}_{Fe_3O_4}-(O)O\,SO_3^- + H_2O \tag{4.10}$$

$$\equiv Fe^{II}_{Fe_3O_4}-(O)O\,SO_3^- + H_2O \longrightarrow \equiv Fe^{III}_{Fe_3O_4}-OH+SO_4^-\cdot + OH^- \tag{4.11}$$

$$SO_4^-\cdot + H_2O \longrightarrow \cdot OH + H^+ + SO_4^{2-} \tag{4.12}$$

$$SMX + SO_4^-\cdot/OH\cdot \longrightarrow \text{中间产物} \longrightarrow CO_2 + H_2O \tag{4.13}$$

第一条是常规的过渡金属氧化物催化路径，即自由基路径，在此路径中，Fe_3O_4/β－FeOOH可与 PMS 反应生成 $SO_4^-\cdot$ 和 ·OH。由实验结论及前人研究可知，Fe_3O_4 对 PMS 的催化能力较弱，因此，一方面 PMS 将首先与表面羟基化的 β－FeOOH 结合，并将一个电子转移给催化剂从而生成 $SO_5^-\cdot$，此时 Fe(Ⅲ)转化为 Fe(Ⅱ)[见式(4.4)和式(4.5)]，另一方面，PMS 也可从催化剂中得到一个电子，以生成 $SO_4^-\cdot$ 和 ·OH[见式(4.6)～式(4.8)]，同时，Fe(Ⅱ)被氧化为 Fe(Ⅲ)。鉴于 β－FeOOH/PMS 及 Fe_3O_4/PMS 两种体系的反应速率差距，在 Fe_3O_4 与 β－FeOOH 的表面交界处很可能存在电子密度差，可能导致界面处β－FeOOH中 Fe(Ⅱ)向 Fe_3O_4 中 Fe(Ⅲ)的局部电子转移[见式(4.9)]，这样就激活了 Fe_3O_4 与 PMS 间的反应[见式(4.10)和式(4.11)]，也解释了 Fe_3O_4 与 β－FeOOH间的协同作用。此外，反应体系中 H_2O 也可与 $SO_4^-\cdot$ 反应生成 ·OH[见式(4.12)]。最终 SMX 在 $SO_4^-\cdot$ 及 ·OH 的作用下降解[见式(4.13)]。

第二条是非自由基路径，PMS被活化后生成$^1O_2$。一般而言，$^1O_2$的生成常见于碳材料、贵金属或铜掺杂催化剂活化PMS的体系中，这些材料均具有极强的导电性，可以作为电子传递介质。而β-FeOOH的导电性极差，因此，Fe_3O_4/β-FeOOH/PMS体系中的非自由基产生机理可能与前人研究有所不同。放眼其他领域，在近年的研究中，学者发现纳米尺度的β-FeOOH在析氧反应(Oxygen Evolution Reaction，OER)中表现出极强的催化活性，并将其归因于表面丰富的氧空位，可以提供更多的活性点位。因此可以推测，氧空位也可能是存在非自由基反应的原因，为了验证这一推测，对催化剂参与反应前后的O 1s XPS图谱进行了分析。如图4.17所示，经过分峰处理后，未参与催化反应的催化剂分别在结合能为529.5 eV和530.9 eV处检测出强峰信号。两个信号峰分别标记为O1和O2。比较之下，在进行催化反应后的催化剂当中检测出标记为O3的新信号峰，出峰位置为532.4 eV。通过查阅相关文献辨别不同出峰位置的氧信号峰，O1峰为晶格氧，O2峰与低氧配位的缺陷位点(氧空位)有关，O3峰为催化剂表面的物理吸附氧。在经过催化反应后，催化剂表面的晶格氧含量由44.8 %降低至37.9%，这表明反应过程中生成的$^1O_2$来源于晶格氧。在SMX降解反应中，部分晶格氧原子(O_{lat})剥离催化剂表面，新的氧空位生成，剥离后的氧原子随后转化为活性氧(O^*)，随后与PMS反应生成$^1O_2$。此外，氧空位的存在也可以激活化学吸附氧形成$^1O_2$，一小部分$^1O_2$也可由PMS自分解产生。其中涉及的反应式如下：

$$O_{lat} \longrightarrow O^* \tag{4.14}$$

$$O^* + HSO_5^- \longrightarrow HSO_4^- + {}^1O_2 \tag{4.15}$$

$$SO_5^{2-} + HSO_5^- \longrightarrow HSO_4^- + SO_4^{2-} + {}^1O_2 \tag{4.16}$$

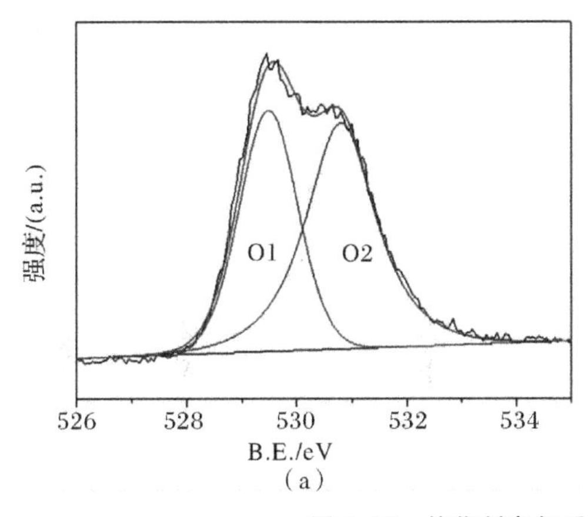

(a)

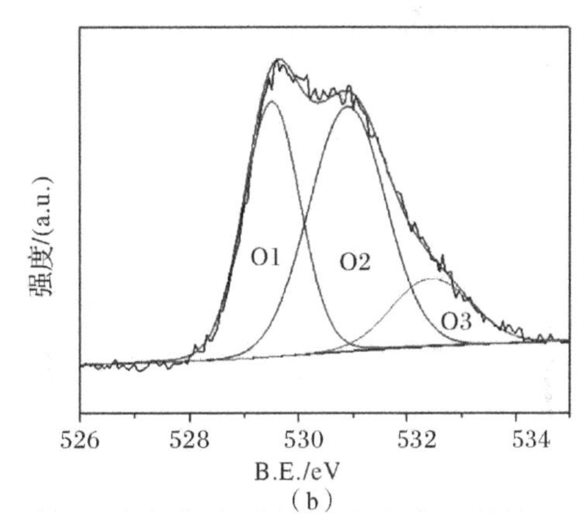

(b)

图4.17　催化剂参加反应前、后的O 1s XPS图谱

(a)催化剂参加反应前；(b)催化剂参加反应后

通过分析本章实验结论，β-FeOOH的特殊晶体结构以及其他相关研究，纳米β-FeOOH的以下几个特性可能有助于对PMS的活化：①与其他材料相比具有更大的比表面积和更小的颗粒尺度，因此催化剂对无机阴离子和污染物表现出良好的吸附能力，提高了反应物的局部浓度，从而加速了反应进程；②在催化剂制备中，Cl^-环境有利于β-FeOOH

晶体成形，这是因为β-FeOOH所具有的特殊隧道结构需要中心Cl^-的支撑，为平衡Cl^-的负电荷，环境中的H^+被β-FeOOH表面吸引并与表面氧结合形成羟基，如图4.18所示，而催化剂的表面羟基化被认为是催化PMS进程中的关键步骤；③由于催化剂制备过程中处于酸性条件，催化剂表面存在丰富的空位，所以参与了$^1O_2$的生成。

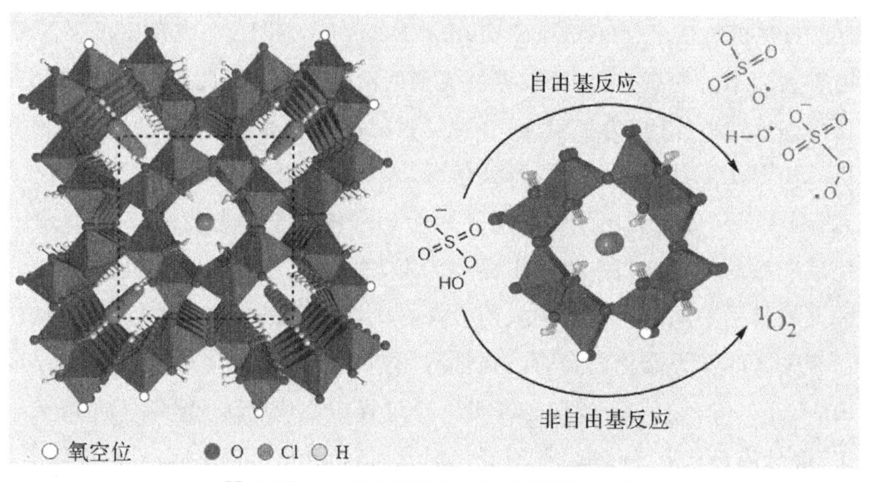

图4.18 β-FeOOH的Cl^-支撑隧道结构

第5章 $Mn_3O_4-FeOOH$ 复合材料催化 PMS 降解水中染料的效能研究

纳米复合催化剂通常表现出协同效应，其性能优于单一催化剂。Hu 等人制备了 Mn_3O_4/MOF 复合材料催化 PMS 用于降解水中罗丹明 B，发现负载了金属有机框架的金属氧化物，40 min 即可完成降解，而单一 Mn_3O_4 仅降解了 20%；Yao 等人制备了 Mn_3O_4-RGO 复合材料用于降解水中橙黄Ⅱ染料，在 25 ℃条件下仅使用 50 mg 材料，2 h 即可完成降解过程；Liu 等人制备了 $Fe_3O_4-MnO_2$ 核壳材料，用于水中 4-氯酚的降解，材料性能稳定，易于回收。因此，采用铁锰复合材料降解水中染料有较好的前景。

在本章中，以 $Mn(OH)_2$ 为前驱物，构建简便的锰基复合催化剂制备方法，利用 K_2FeO_4 氧化剂，设计制备二元复合催化剂 $Mn_3O_4-FeOOH$ 复合材料，通过表征手段分析其结构特性和表观形貌，探讨催化剂的形成过程，验证制备方法的可行性。

5.1 $Mn_3O_4-FeOOH$ 复合材料的制备及表征

5.1.1 $Mn_3O_4-FeOOH$ 复合材料的制备

复合材料的制备基于共沉淀法，采用 $MnCl_2$ 和 K_2FeO_4 为原材料，在碱性条件下反应制备，具体制备步骤如下：

1)将 18 mmol 的 NaOH 和 2 mmol 的 K_2FeO_4 依次溶解于 30 mL 去离子水中(A 液)；

2)将 9 mmol 的 $MnCl_2 \cdot 4H_2O$ 溶解于 70 mL 去离子水中，持续搅拌并水浴加热至 90 ℃(B 液)；

3)将制备的 A 液缓慢倒入 B 液中，保持温度等条件不变继续搅拌。2 h 后将烧杯从水浴锅中取出，使用去离子水和无水乙醇反复离心，洗去溶液中未反应的离子，然后放入 70 ℃

烘箱内烘干至恒重。

材料制备过程中涉及的化学反应如下：

$$MnCl_2 + 2NaOH \longrightarrow Mn(OH)_2 + 2NaCl \tag{5.1}$$

$$9Mn(OH)_2 + 2K_2FeO_4 \longrightarrow 3Mn_3O_4 + 2FeOOH + 4KOH + 6H_2O \tag{5.2}$$

依据理论反应方程式(5.2)计算，最终产物中 FeOOH 的质量比为 20%，将上述制备材料记为 20MF。

为考察不同 K_2FeO_4 投加量对最终产物的影响及对染料的降解效果，在保持 $MnCl_2 \cdot 4H_2O$ 投加量不变的前提下，按照理论 FeOOH 占最终产物的质量比为 40%、60%、80%分别投加 5.14 mmol、11.56 mmol、30.84 mmol 的 K_2FeO_4，制备材料标记为 40MF、60MF、80MF。

为比较复合材料的催化效果，采用上述方法，不投加 $MnCl_2 \cdot 4H_2O$，将 2 mmol 的 K_2FeO_4 和 4 mmol 的 NaOH 溶解于水中，于 90 ℃条件下加热 2 h，制备 FeOOH，记为 100F。

5.1.2 Mn_3O_4 - FeOOH 复合材料的表征

为确认材料的晶体结构、元素价态、表观形貌等信息，采用 XRD、XPS、TEM 等手段对反应产物进行了表征。

(1)晶相分析

Mn_3O_4 - FeOOH 复合材料的 XRD 图谱如图 5.1 所示。衍射角 2θ 的检测范围为 10°～80°，测试出的材料图谱具有一系列衍射峰，表明合成的组分具有一定的晶形结构。将所得的图谱与 XRD 图谱分析软件 Jade6.0 及文献比较可知，按照方程式(5.2)比例投加制备的材料 20MF，在(211)晶面具有最高衍射峰时 2θ =36.1°，在 18°、28.9°、31°、32.3°、36.1°、38°、44.54°、58.78°、59.66°和 64.71°存在的衍射峰，分别对应于(101)、(112)、(200)、(103)、(211)、(004)、(220)、(321)、(224)和(314)晶面，这些特征峰与四方晶系 Mn_3O_4 (JCPDS No.:24 - 0734)的特征峰相对应。材料 40MF、60MF 和 80MF 同样具有部分四方晶系 Mn_3O_4 相关特征峰；除此之外，制备的 4 种复合材料在 2θ=20°左右均有一无定形峰，表明该复合材料为 Mn_3O_4 和另一种材料的混合相，且为无定形结构。不投加氯化锰制备的 FeOOH 材料 100F 与 Jade 6.0 比较无对应特征衍射峰，表明该复合材料中生成的无定形结构为 FeOOH。

进一步分析不同 K_2FeO_4 投加量下的材料 XRD 谱图，当 K_2FeO_4 投加量较低时，K_2FeO_4 与 $MnCl_2$ 反应生成 Mn_3O_4 含量较高，生成的无定形 FeOOH 含量较少，因而其特征峰较为明显；而随着 K_2FeO_4 投加量的增加，材料 40MF、60MF、80MF 的 XRD 图谱中 Mn_3O_4 的特征峰逐渐变小直至消失，表明大量生成的无定形 FeOOH 结构覆盖了复合材料的表面，遮蔽了生成的 Mn_3O_4 材料的特征峰，导致 XRD 谱图中特征峰的消失。综合上述分析，说明合成的材料为 Mn_3O_4 - FeOOH 复合材料。

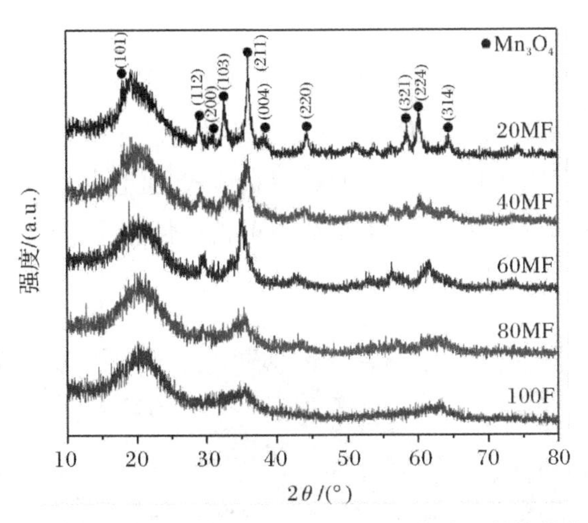

图 5.1 不同投加量 K_2FeO_4 制备 Mn_3O_4 - FeOOH 复合材料的催化剂 XRD 谱图

(2)表面形貌分析

采用 TEM 分析 Mn_3O_4 - FeOOH 复合材料(40MF)的表面形貌特征，得到的结果如图 5.2 所示。由图 5.2(b)可知，反应形成的 Mn_3O_4 为片状结构，尺寸在 40～50 nm 左右；图中棒状形式为片状 Mn_3O_4 结构在垂直方向的投影，单片厚度约为 10 nm。部分片状 Mn_3O_4 的 TEM 图显示不清晰，说明 Mn_3O_4 纳米片上附着有其他材料。结合图 5.2(a)高分辨 TEM 图可以看出，片状 Mn_3O_4 具有良好的晶形结构，晶格条纹清晰可见。经过计算得出晶格间距分别为 0.49 nm、0.27 nm、0.24 nm，对应于四方晶系 Mn_3O_4(JCPDS No.:24 - 0734)的(101)、(103)和(211)晶面。在 Mn_3O_4 纳米片的表面附着的材料没有显示晶格，说明材料为无定形结构，这与 XRD 图谱得到的结论一致，进一步证明了合成的 FeOOH 的无定形结构。

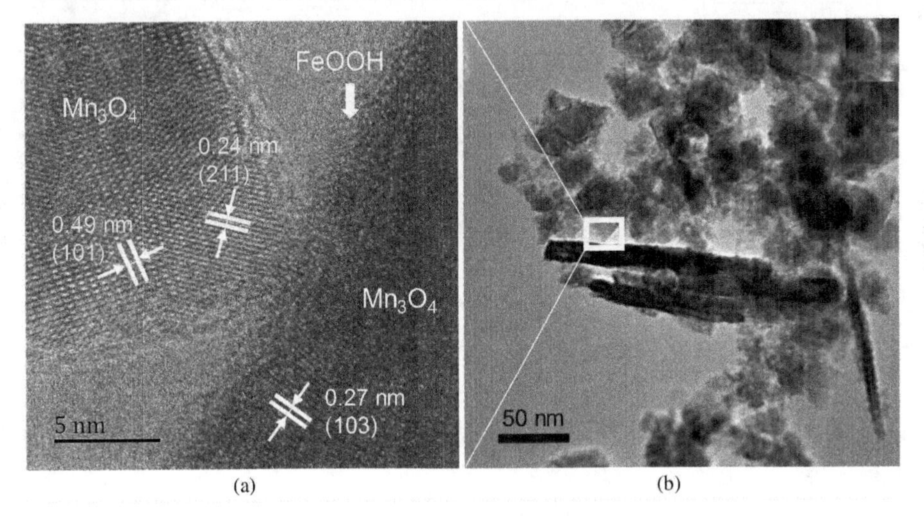

图 5.2 Mn_3O_4 - FeOOH 复合材料的 TEM 图

(a) HRTEM; (b) TEM

为确认 Mn_3O_4 - FeOOH 复合材料表面特征元素分布情况，采用 X 射线能谱分析

(Energy Dispersive Spectrometer, EDS),面扫结果如图 5.3 所示。由图 5.3 可知,Mn 元素、O 元素、Fe 元素均广泛分布在该纳米材料中,其中,Mn 元素、O 元素的分布图与 TEM 电镜图中材料的位置基本一致,表明制备的复合材料中包含锰的氧化物(Mn_3O_4);Fe 元素在 TEM 图像中的片状结构上广泛分布,但在棒状形式(垂直方向)中未发现 Fe 元素,证实了反应生成的纳米片状结构为锰氧化物,而生成的铁氧化物(FeOOH)只覆盖在片状结构表面,且在垂直方向由于面积较小而使得 FeOOH 材料难以附着生长。

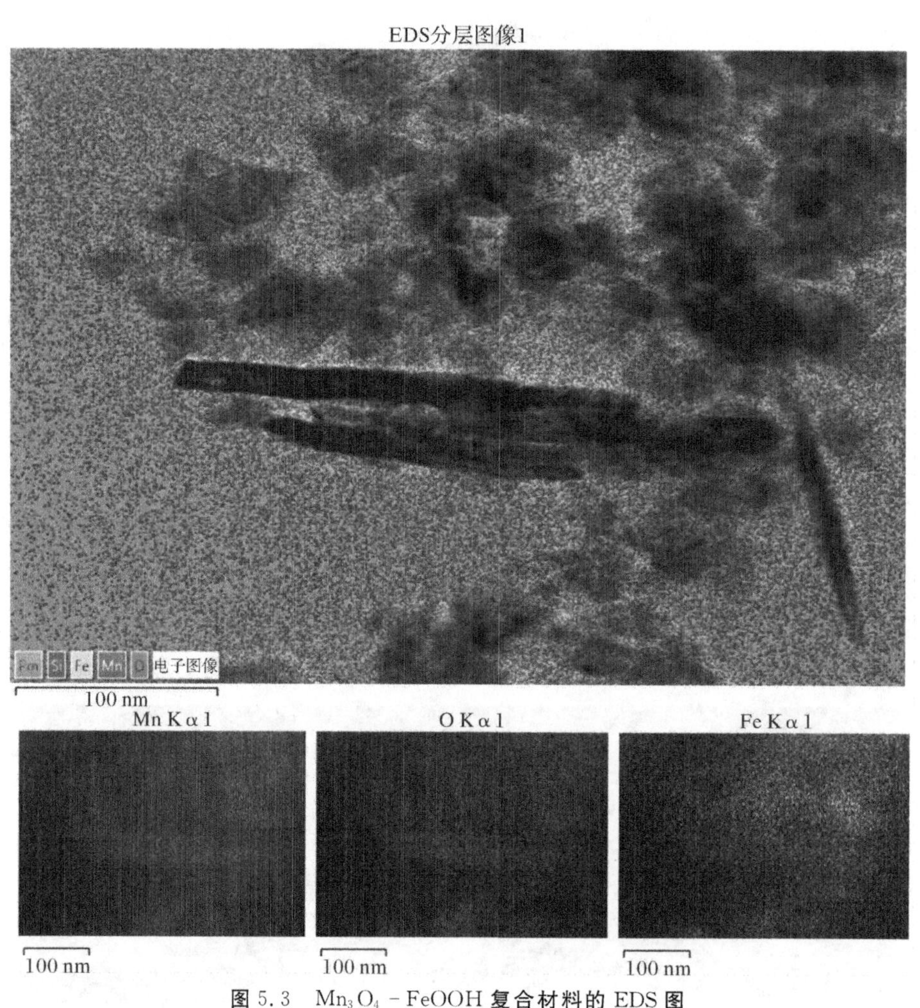

图 5.3　Mn_3O_4 - FeOOH 复合材料的 EDS 图

(3)表面元素价态分析

为进一步证实复合材料中锰和铁的氧化价态,采用 XPS 分析 Mn_3O_4 - FeOOH 复合材料的元素组成,结果如图 5.4 所示。

图 5.4(a)为全谱扫描图。从图中可以看出,制备的复合材料是由 Fe、Mn、O 等元素组成的,这与 XRD 和 TEM 显示结果一致。

图 5.4(b)为 Mn 2p 高分辨谱图。Mn 2p 可以裂分为两个峰,在结合能 655.5 eV 和

643.8 eV 处的能量峰分别属于 Mn $2p_{1/2}$ 和 Mn $2p_{3/2}$，峰间距为 11.7 eV，与质谱数据库及文献对比可知，属于 Mn_3O_4 的峰间距。

图 5.4(c)为 Fe 2p 高分辨谱图。图中结合能 726.1 eV 和 712.5 eV 处的能量峰分别对应于 Fe^{3+} 的 Fe $2p_{1/2}$ 和 Fe $2p_{3/2}$，且在 720.2 eV 和 733.4 eV 处，同样存在 Fe^{3+} 的卫星峰，经文献检索对比，这两处卫星峰对应 FeOOH 中的 Fe^{3+}。

图 5.4(d)为 O 1s 高分辨谱图。图中结合能在 532.0 eV 和 529.3 eV 处的能量峰为复合材料羟基氧及晶格氧(由于复合材料中包含 Mn、Fe 两种材料的氧化物，所以在不同的文献中，Mn、Fe 氧化物中的晶格氧、羟基氧不尽相同，难以具体区分 Mn、Fe 元素)。结合能在 533.6 eV 处的能量峰为 H—O—H 键，即材料中的吸附氧，表明材料中含有结合水，存在羟基。

综合上述分析，可以进一步确认制备的样品为 Mn_3O_4 - FeOOH 复合材料。

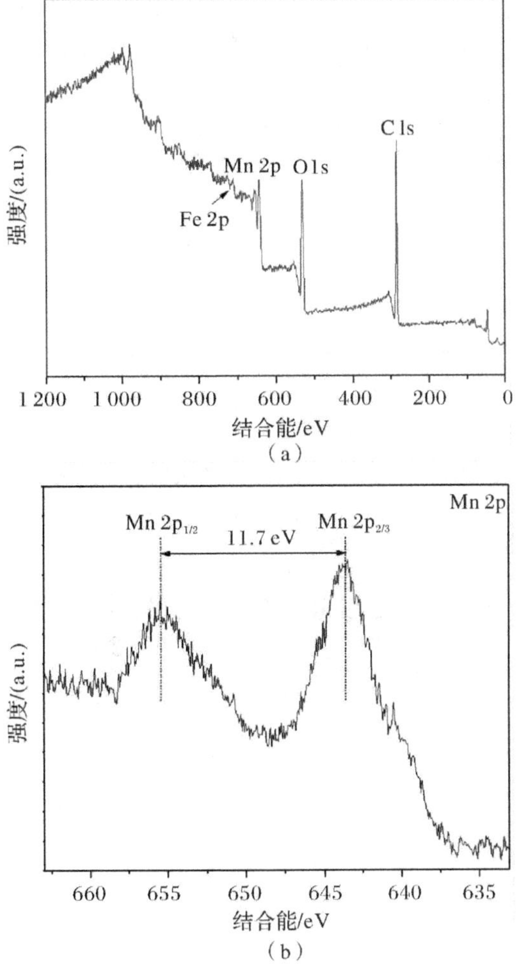

图 5.4 Mn_3O_4 - FeOOH 复合材料的 XPS 谱图

(a)全谱扫描；(b)Mn 2p 高分辨谱

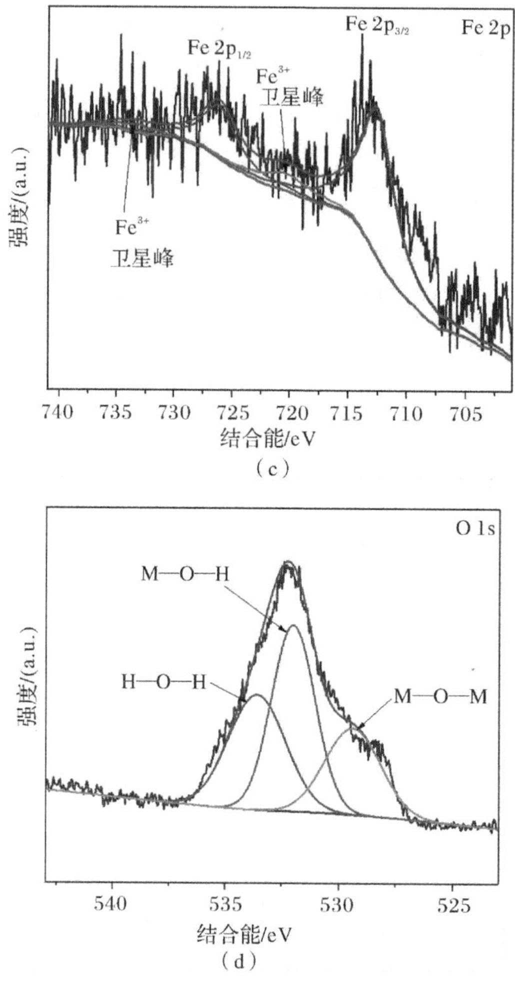

续图 5.4　Mn_3O_4 - FeOOH 复合材料 XPS 谱图

(c)Fe 2p 高分辨谱;(d)O 1s 高分辨谱

5.2　Mn_3O_4 - FeOOH 复合材料的催化效能

为评价制备的 Mn_3O_4 - FeOOH 复合材料的性能,对其活化 $KHSO_5$ 降解水中染料的效能进行研究。主要评估内容:①不同 K_2FeO_4 投加浓度下制备的一系列复合材料的催化效能对比,从中优选出最佳投加浓度配比;②不同催化剂反应体系下催化效能对比,评价材料的性能。

5.2.1　不同 K_2FeO_4 投加浓度催化效能对比

主要考察不同原材料 K_2FeO_4 投加浓度下制备 Mn_3O_4 - FeOOH 复合材料的催化效能。在不同投加浓度下制备的材料中,FeOOH 占复合材料的质量分数分别为 20%、40%、60%和 80%。

反应条件:催化剂投加浓度均为 0.2 g/L;氧化剂 $KHSO_5$ 投加浓度为 0.650 0 mmol/L;罗丹明 B 初始浓度为 50 mg/L;反应时间为 30 min;由于 $KHSO_5$ 溶于水之后水解导致溶液呈酸性,所以设定初始 pH=4,得到的结果如图 5.5 所示。

由图 5.5 可知,4 种材料均能有效催化降解水中染料。当 FeOOH 含量为 20%时,反应 30 min 后,染料的降解率为 91.8%;当 FeOOH 含量为 40%时,反应 30 min 后,染料的降解率为 94.5%,此时染料降解效率最高。此后,随着 FeOOH 含量的逐渐升高,当 FeOOH 含量为 60%时,反应 30 min 后,染料的降解率为 93.72%;当 FeOOH 含量为 80%时,反应 30 min后,染料的降解率为 90%,催化效率有一定的下降。结合前文 XRD 分析可知,这是因为形成的 Mn_3O_4 - FeOOH 复合材料表面覆盖的 FeOOH 逐渐增多,阻碍了其与 Mn_3O_4 发挥协同作用,所以催化效率有所下降。

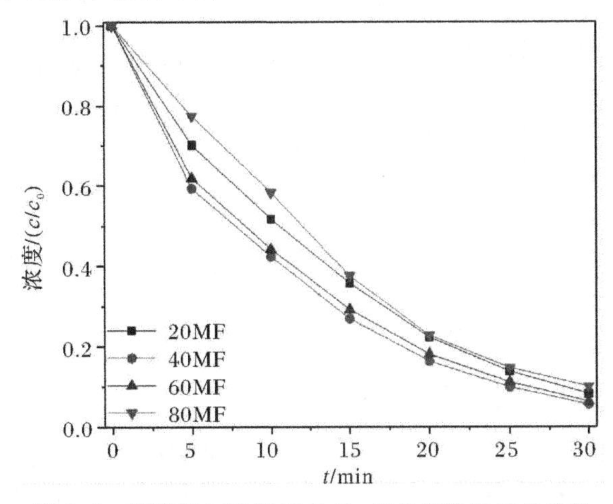

图 5.5　不同投加浓度 K_2FeO_4 制备材料的催化效能

为进一步评价催化剂的催化过程和催化活性,采用准一级动力学方程进行拟合,结果见表 5.1。由表 5.1 可知,尽管 30min 后 4 种材料的降解率差别不大,但其反应速率最高值(40MF,0.093 2 min^{-1})比最低值(80MF,0.073 8 min^{-1})高 20.8%,说明随着 FeOOH 含量的升高,材料表面的 FeOOH 掩盖了 Mn_3O_4 的活性点位,从而导致催化效率的降低。

表 5 - 1　不同材料的动力学参数

材料名称	反应速率常数 k/min^{-1}	R^2
20MF	0.078 4	0.986 4
40MF	0.093 2	0.995 5
60MF	0.088 4	0.994 4
80MF	0.073 8	0.981 7

5.2.2　不同反应体系催化效能对比

为进一步评价 Mn_3O_4 - FeOOH 复合材料二元组分协同活化 $KHSO_5$ 降解水中染料的效果,对仅投加 $KHSO_5$、单组分 Mn_3O_4 催化 $KHSO_5$、单组分 FeOOH 材料催化 $KHSO_5$ 等体系的催化效能进行对比实验研究。Mn_3O_4 - FeOOH 复合材料采用制备的 40MF，FeOOH 采用 100F，所有体系的反应条件与 5.1.1 小节相同，图 5.6 为实验结果。

由 5.6 图可以得出，仅投加 $KHSO_5$ 时，反应 30 min 后，染料降解率为 3.6%，表明在酸性条件下，$KHSO_5$ 自身分解产生的自由基很少，自身氧化降解染料的能力较差；投加单组分无定形 FeOOH 材料时，反应 30 min 后，染料降解率仅为 6.2%，说明制备的无定形材料活化 $KHSO_5$ 产生活性含氧基团的能力较低，这可能与其无定形结构有关；投加单组分 Mn_3O_4 时，反应 30 min 后，可降解 16%的染料，表明 Mn_3O_4 具有一定的 $KHSO_5$ 活化能力，但能力并不强。Mn_3O_4 - FeOOH 复合材料（40MF）与单组分材料相比，具有出色的催化能力，降解率（94.5%）远高于单组分材料，表明 Mn_3O_4 和无定形 FeOOH 复合后产生了一定程度的协同作用，促进了染料的降解。

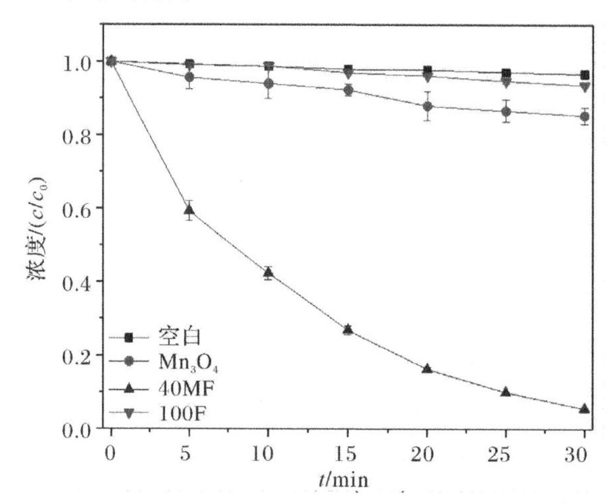

图 5.6　不同组分材料催化 $KHSO_5$ 降解水中染料效能

此外，染料降解数据与准一级动力学方程（$R^2>0.95$）吻合良好。各反应体系动力学参数（k）见表 5.2。由表中数据，Mn_3O_4 - FeOOH 体系中的 k 值为 0.093 2 min^{-1}，高于单组份 Mn_3O_4（0.006 0 min^{-1}）和无定形 FeOOH 材料（0.002 1 min^{-1}）。结果表明，Mn_3O_4 - FeOOH 复合材料具有较高的 $KHSO_5$ 活化活性，结合 5.1.1 小节结论，可知在催化剂表面 Mn_3O_4 和无定形 FeOOH 的复合促进了 $KHSO_5$ 分解产生自由基反应的进行与转化，进而可以促进染料的高效分解。

表 5.2　不同材料的动力学参数

材料名称	反应速率常数 k/min^{-1}	R^2
空白	0.001 3	0.969 3
Mn_3O_4	0.006 0	0.995 4
40MF	0.093 2	0.995 5
100F	0.002 1	0.985 5

5.3　Mn_3O_4 - FeOOH 复合材料催化 PMS 降解染料的影响因素研究

在非均相类 Fenton 体系中，催化剂投加浓度、氧化剂投加浓度、染料初始浓度、pH、反应温度等初始条件对催化反应效能的影响较大。为考察催化剂活性，在上述影响因素中采用单因素变量法评估初始条件的影响。基础反应条件设置如下：催化剂采用制备的复合材料 40MF，投加浓度为 0.2 g/L，氧化剂投加浓度为 0.6 500 mmol/L，污染物初始浓度为 50 mg/L，反应温度为 25 ℃，反应时间为 30 min。由于通常催化剂的使用均在室温下进行，所以本实验中未考虑反应温度的影响。

5.3.1　pH 的影响

pH 能够影响催化剂表面电位、氧化剂分解活性、染料价态等，从而影响染料降解效率。实验中，考察了在 pH 分别为 4.0、7.0 和 10.0 的情况下，Mn_3O_4 - FeOOH 复合材料的催化效能，实验结果如图 5.7 所示。

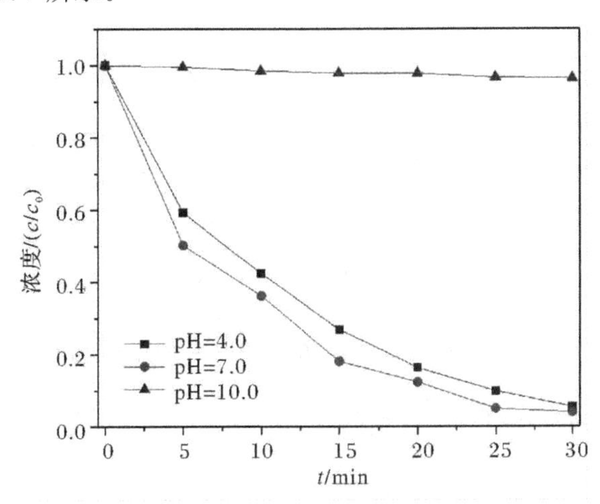

图 5.7　不同 pH 下染料降解效果

由图 5.7 可知，当 pH 分别为 4.0、7.0 和 10.0 时，染料降解率分别为 94.5%、96%和 3.6%。结果表明，Mn_3O_4 - FeOOH 复合材料在较宽 pH(4.0～7.0)条件下，具有良好的染料降解能力。出现这种情况可能的原因：与 Fe^{2+}/H_2O_2 组成的 Fenton 体系只能在 pH=3.0左右效果最好，$KHSO_5$ 分解产生的 SO_4^- · 等能够在接近中性条件下将 OH^-/H_2O 转化为 · OH，大量的活性含氧基团能够增强降解效能。转化过程中，会产生大量的 H^+ 而导致溶液的 pH 下降，以此可以验证 · OH 的产生。实验中经过测定，在初始 pH 为 4.0 或7.0 情况下，反应 30 min 后，溶液最终 pH 分别为 3.83 和 3.84，从而验证了上述自由基转换的说法。

催化材料的表面电位受 pH 和其等电点 pH_{pzc} 的影响：当 $pH < pH_{pzc}$ 时，催化剂表面带正电；当 $pH > pH_{pzc}$ 时，催化剂表面带负电。采用 Zeta 电位仪对制备的 Mn_3O_4 - FeOOH 复合材料等电点进行了测定，$pH_{pzc}=4.83$，由图 5.7 结果可以看出，pH 在 4.0～7.0 区间，其对复合材料催化效能影响不大。

采用准一级动力学模型拟合不同 pH 条件下，染料降解的动力学方程，结果如图 5.8 所示。由图 5.8 可知，不同 pH 情况下反应速率常数分别为 $k_{pH=4.0}$（0.093 2 min^{-1}，$R^2=$ 0.995 5）、$k_{pH=7.0}$（0.110 9 min^{-1}，$R^2=$0.987 8）、$k_{pH=10.0}$（0.001 3 min^{-1}，$R^2=$0.969 3）。实验结果同样表明，Mn_3O_4 - FeOOH 复合材料在较宽 pH 条件下具有较高的降解速率。

由于反应后溶液最终 pH 均在 3.83 左右，氧化剂 $KHSO_5$ 在水中水解会导致溶液呈酸性（投加 0.2 g/L $KHSO_5$ 时溶液 pH 约为 3.6，投加 0.1 g/L $KHSO_5$ 时溶液 pH 约为3.8），因此，在后续实验设定 pH =4 条件下进行。

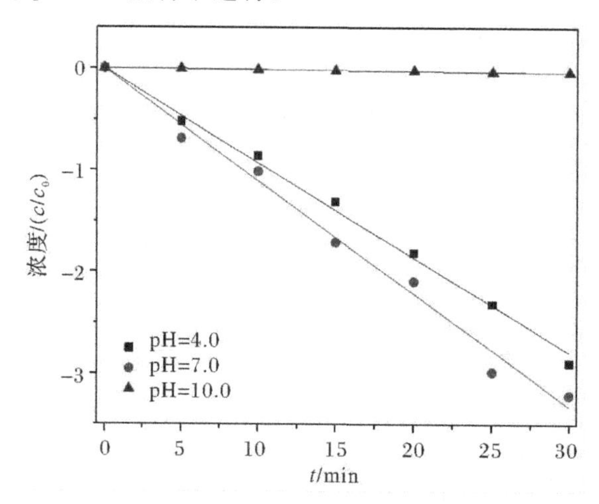

图 5.8 不同 pH 下染料降解的准一级动力学拟合

5.3.2 催化剂投加浓度的影响

催化剂表面存在大量的活性点位，溶液中的氧化剂 $KHSO_5$ 可以与这些活性点位结合，通过电子的转移导致氧化剂的分解，从而产生活性含氧基团，这些活性含氧基团与溶液中的染料分子发生反应，促进其最终分解为小分子 CO_2 和 H_2O，达到降解水中染料的目的。因此，催化剂投加浓度的高低，意味着水中能够促进氧化剂分解的活性点位的数量。本实验考察了其他条件不变的情况下，催化剂投加浓度分别为 0 g/L、0.1 g/L、0.2 g/L、0.3 g/L、0.4 g/L情况下染料降解效果，如图 5.9 所示。不同催化剂投加浓度下染料降解的准一级动力学拟合方程得到的反应速率如图 5.10 所示。

由图 5.9 可知，当催化剂投加浓度为 0 时，即只投加氧化剂，染料降解率很低（3.6%）；当催化剂投加浓度为 0.1 g/L、0.2 g/L、0.3 g/L 和 0.4 g/L 时，染料的降解率分别为

80.3%、94.5%、96.1%和93.5%。由此可以看出，在投加浓度0～0.3 g/L区间，染料的降解率随着催化剂投加浓度的增大而上升，说明随着催化剂投加浓度的增大，水中能够促进氧化剂分解的活性点位增多，且由图5.10反应速率常数$k_{0\ g/L}$(0.001 3 min^{-1}，R^2＝0.969 3)、$k_{0.1\ g/L}$(0.053 min^{-1}，R^2＝0.995 8)、$k_{0.2\ g/L}$(0.093 2 min^{-1}，R^2＝0.995 5)和$k_{0.3\ g/L}$(0.106 1 min^{-1}，R^2＝0.996 2)可知，在催化剂投加浓度较小(0～0.2 g/L)时，染料降解率上升较快，说明投加的催化剂能够快速催化$KHSO_5$，活性点位利用效率高；而随着催化剂投加浓度的增大(0.2～0.3 g/L)，反应速率常数增大较少(12.1%)，说明过量的催化剂可能产生了团聚现象，导致部分催化剂表面活性点位减少，总体利用效率降低。

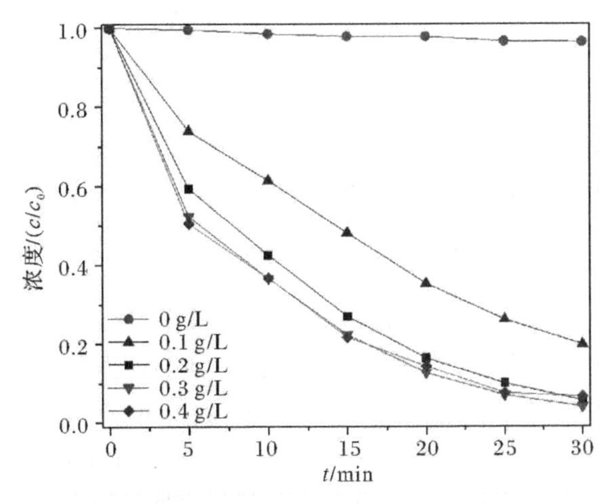

图5.9　不同催化剂投加浓度下染料降解效果

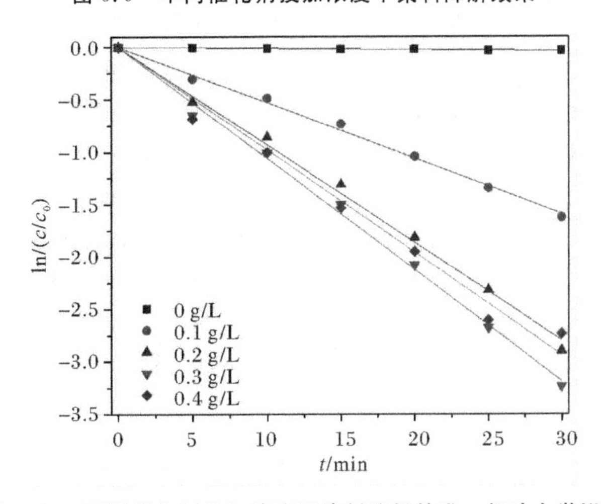

图5.10　不同催化剂投加浓度下染料降解的准一级动力学拟合

在0.3～0.4 g/L区间，染料降解率和反应速率常数均略有下降[$k_{0.4\ g/L}$(0.097 9 min^{-1}，R^2＝0.982 3)]，可能导致此现象的原因：①随着催化剂投加浓度的进一步增大，催化剂颗粒的团聚现象更加明显，使得氧化剂利用效率提高不大；②反应初期投加的过量的催化剂使得溶液中在短时间内产生了大量的自由基，自由基可能会发生自猝灭现象，从而导致溶液中可用于染料降解的氧化剂减少，降低了染料降解率。

5.3.3 氧化剂投加浓度的影响

氧化剂能够被活化产生自由基，因此，氧化剂的投加浓度决定着溶液中能够被分解产生自由基的数量。溶液中产生的自由基逐渐增多，意味着自由基与染料的碰撞几率增大，从而降解速率不断增大。本实验考察了在氧化剂 $KHSO_5$ 投加浓度分别为 0 mmol/L、0.325 0 mmol/L、0.650 0 mmol/L、0.975 0 mmol/L 和 1.300 0 mmol/L 条件下水中染料降解效果，结果如图 5.11 所示。

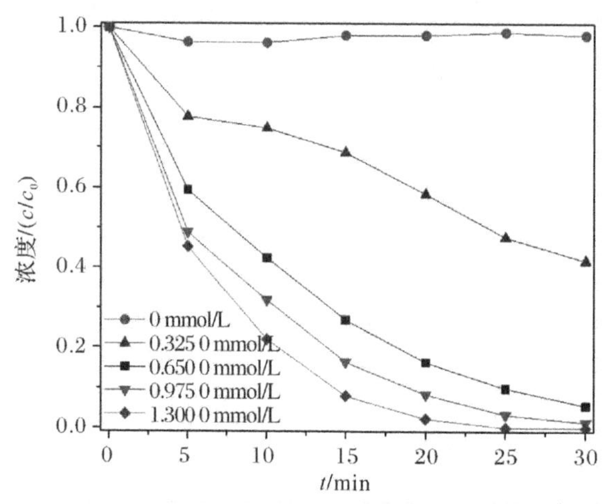

图 5.11 **不同** $KHSO_5$ **投加浓度下染料降解效果**

由图 5.11 可知，当氧化剂投加浓度为 0 mmol/L 时，反应 30 min 后，染料降解率仅为 1.9%，即催化剂吸附的染料量，因此，可以认为材料单独使用时染料基本无降解效果。当投加浓度分别为 0.325 0 mmol/L、0.650 0 mmol/L、0.975 0 mmol/L、1.300 0 mmol/L 时，染料降解率分别为 58.2%、94.5%、98.7%、100%。由此可以看出，随着氧化剂投加浓度的提高，染料降解率不断增加。结果表明，随着氧化剂投加浓度的增大，催化剂表面反应生成的自由基浓度随之提高，从而提高了染料降解率。进一步分析其催化降解率，可以看出，当氧化剂投加浓度为 0.650 0 mmol/L 时，染料已基本得到降解；当氧化剂投加浓度从 0.650 0 mmol/L 增加到 0.975 0 mmol/L 时，虽然投加浓度增加了 50%，但染料降解率仅增大了 4.2%；当氧化剂投加浓度继续增加到 1.300 0 mmol/L 后，投加浓度增加了 100%，而染料降解率仅增大了5.5%。显然，过量投加的氧化剂并没有显著提高染料的降解效率，因此，本实验选定 0.650 0 mmol/L 作为实验的基础参数。

采用准一级动力学模型拟合不同氧化剂投加浓度的催化反应速率常数如图 5.12 所示。可以看出，在不同氧化剂投加浓度时，所得的动力学参数分别为 $k_{0\ \mathrm{mmol/L}}$ (0.000 9 min^{-1}，R^2 = 0.956 0)、$\mathrm{k}_{0.325\ 0\ \mathrm{mmol/L}}$ (0.028 7 min^{-1}，R^2 = 0.969 1)、$\mathrm{k}_{0.650\ 0\ \mathrm{mmol/L}}$ (0.093 2 min^{-1}，R^2 = 0.995 5)、$k_{0.975\ 0\ \mathrm{mmol/L}}$ (0.135 1 min^{-1}，R^2 = 0.969 1)、$k_{1.300\ \mathrm{mmol/L}}$ (0.178 2min^{-1}，R^2 = 0.981 5)。结果表明，随着氧化剂投加浓度的不断增大，染料降解速率不断增大。进一步分析其降解速率增大的程度，当氧化剂投加浓度由 0.325 0 mmol/L 增加到 0.650 0 mmol/L 时，催化反应速率提高了 2.2 倍；当氧化剂投加浓度由 0.650 0 mmol/L 增加到 0.975 0 mmol/L 时，催化

反应速率提高了40%；当氧化剂投加浓度继续提高到1.300 0 mmol/L时，催化反应速率仅增大了30%。这可能是由于投加过量氧化剂在短时间内产生的自由基数量过多，自由基与溶液中的氧化剂发生了自猝灭反应，因此导致了其催化速率的变化程度逐渐变缓。

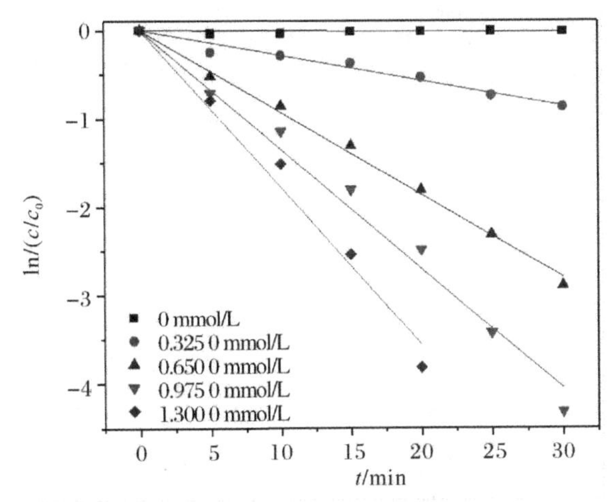

图5.12 不同氧化剂投加浓度下染料降解的准一级动力学拟合

5.3.4 染料初始浓度的影响

染料初始浓度能够影响催化剂的降解效率。本实验中在其他条件不变的情况下，将染料初始浓度分别设定为25 mg/L、50 mg/L、75 mg/L和100 mg/L，催化剂催化降解染料的效果如图5.13所示。

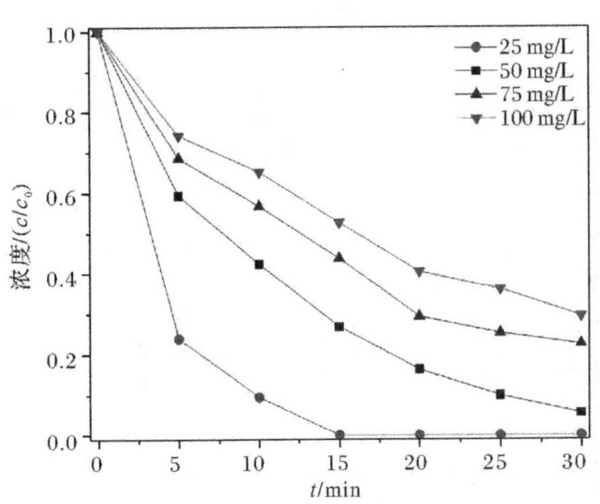

图5.13 不同染料初始浓度下染料降解效果

由图5.13可知，染料初始浓度为25 mg/L、50 mg/L、75 mg/L和100 mg/L时对应的降解率分别为99.9%、94.5%、77.3%和70.0%。随着初始浓度的提高，染料的降解率逐渐降低。这是因为自由基在产生后与染料发生反应时，两者之间存在化学计量关系，当催化剂及氧化剂的投加浓度保持稳定不变时，反应体系中产生的自由基保持恒定，因此，当染料初始浓度变化时，其降解率也随之发生变化。

为进一步探究染料初始浓度对染料降解效果的影响，采用准一级动力学模型对不同染料初始浓度条件下染料降解效果进行拟合，结果如图 5.14 所示。可以得出，不同染料初始浓度下，所得的反应速率常数分别为 $k_{25\ mg/L}$(0.245 5 min^{-1}，R^2=0.982 3)、$k_{50\ mg/L}$(0.093 2 min^{-1}，R^2=0.995 5)、$k_{75\ mg/L}$(0.054 2 min^{-1}，R^2=0.972 9)、$k_{100\ mg/L}$(0.042 0 min^{-1}，R^2=0.987 0)。结果表明，随着染料初始浓度的升高，染料的降解速率和总的降解效果均呈下降趋势。

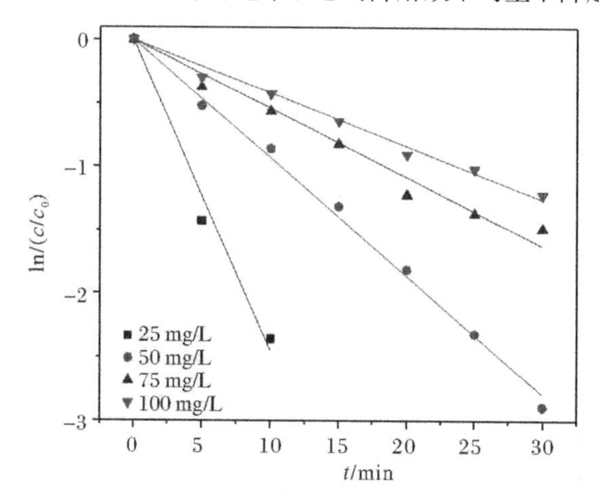

图 5.14　不同染料初始浓度下的准一级动力学拟合

5.4　Mn_3O_4－FeOOH 复合材料催化 PMS 机理分析

在酸性条件下，过硫酸氢钾被过渡金属锰氧化物活化后，产生的活性含氧基团主要包括硫酸根自由基(SO_4^-·)、羟基自由基(·OH)、单线态氧($^1O_2$)、过氧硫酸根自由基(SO_5^-·)等。这些活性含氧基团均具有强氧化性，能够攻击染料，使其被分解为小分子物质。为确定制备的二元复合材料催化机理，本实验采用猝灭实验和 ESR 实验的方法分析 Mn_3O_4－FeOOH 复合材料体系中存在的主要反应活性含氧基团。

5.4.1　自由基猝灭剂对染料降解效能的影响

针对过硫酸氢钾活化产生的活性含氧基团，常用的猝灭剂有乙醇、叔丁醇和糠醇等。这些醇类在溶液中会与溶液中的有机物竞争活性含氧基团，从而抑制染料的降解。其中，乙醇是一种含氢 α 醇，具备猝灭硫酸根自由基(SO_4^-·)和羟基自由基(·OH)的能力，反应速率分别为 $k_{SO_4^-\cdot}=(1.6\sim7.7)\times10^7$ mol/(L·s)和 $k_{\cdot OH}=(1.2\sim2.8)\times10^9$ mol/(L·s)；叔丁醇是一种非含氢 α 醇，其对羟基自由基的猝灭能力[$k_{\cdot OH}=(3.8\sim7.6)\times10^8$ mol/(L·s)]远高于硫酸根自由基[$k_{SO_4^-\cdot}=(4.0\sim9.1)\times10^5$ mol/(L·s)]，因此，通常将叔丁醇作为羟基自由基的猝灭剂；糠醇具有猝灭·OH 和 $^1O_2$ 的能力，而对 SO_4^-·没有猝灭效果，其对两种自由基的反应速率分别为 $k_{\cdot OH}=1.5\times10^{10}$ mol/(L·s)，$k_{^1O_2}=1.2\times10^8$ mol/(L·s)。

猝灭实验的反应条件：复合材料 40MF 催化剂投加浓度为 0.2 g/L；氧化剂投加浓度为 0.650 0 mmol/L；污染物初始浓度为 50 mg/L；反应温度为 25 ℃；反应时间为 30 min。乙醇和叔丁醇与 $KHSO_5$ 的物质的量之比为 1 000∶1；糠醇与 $KHSO_5$ 的物质的量之比为 100∶1。该猝灭实验的结果如图 5.15 所示。

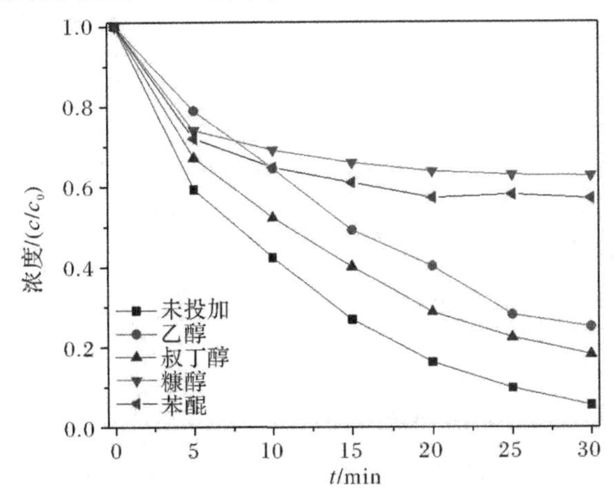

图 5.15　不同猝灭剂作用下染料降解效果

由图 5.15 可知，在未投加猝灭剂时，染料的降解率为 94.5%；当向溶液中投加乙醇和叔丁醇时，染料的降解率分别为 75%和 82%，说明在催化体系中存在 SO_4^- · 和 · OH，且其中 · OH 发挥的作用相对较大；当投加糠醇时，染料的降解率下降至 37.4%，染料的降解过程受到明显抑制，表明单线态氧 $^1O_2$ 是 Mn_3O_4 - FeOOH 复合材料/$KHSO_5$ 体系中主要的活性含氧基团。

在反应初始阶段(5 min)，投加乙醇和糠醇后溶液中染料的降解率分别为 21%和 33%，可以发现糠醇的猝灭能力小于乙醇，结合二者猝灭的主要含氧基团类型，可以推断在反应初始阶段，首先产生大量的活性含氧基团为 SO_4^- · 和 · OH，单线态氧($^1O_2$)为前面两种含氧基团的再次反应产物。

随着反应的持续进行，可以看到，投加糠醇的溶液染料降解率仅轻微下降，说明催化过程中产生了大量的 $^1O_2$ 为糠醇所抑制，仅部分未被抑制的 SO_4^- · 在溶液中发挥了猝灭作用。而投加乙醇和叔丁醇的溶液，染料降解率进一步降低，表明反应初期产生的 SO_4^- · 和 · OH 大部分转换成了 $^1O_2$，从而影响了乙醇和叔丁醇猝灭作用的发挥。

$^1O_2$ 可以在催化剂表面由催化剂活化 $KHSO_5$ 产生，或者由 SO_4^- · 和 · OH 的再次反应产物 O_2^- · 产生。为进一步验证 $^1O_2$ 的产生路径，采用苯醌作为猝灭剂。苯醌能够猝灭 O_2^- ·，其反应速率 $k_{O_2^-\cdot}=2.9\times10^9$ mol/(L · s)。由图 5.15 可知，投加苯醌后，染料的降解率降为 43%，结合前文分析，$^1O_2$ 是主要活性含氧基团，投加苯醌后降解率下降，表明 $^1O_2$ 是由 O_2^- · 产生的。

根据实验进行准一级动力学拟合的方程见表 5.3。在未投加任何猝灭剂条件下，反应速率常数为 k_{None}(0.093 2 min^{-1}，$R^2=0.995$ 5)；投加猝灭剂后，反应速率常数降低为 $k_{乙醇}$(0.047 4 min^{-1}，$R^2=0.993$ 0)、$k_{叔丁醇}$(0.059 6 min^{-1}，$R^2=0.989$ 8)，$k_{糠醇}$(0.006 4 min^{-1}，

R^2=0.995 3)，可以看出，糠醇的猝灭效果更好。

表 5.3　不同猝灭剂作用下染料降解的动力学参数

猝灭剂	反应速率常数 k/min^{-1}	R^2
未投加	0.093 2	0.995 5
乙醇	0.047 4	0.993 0
叔丁醇	0.059 6	0.989 8
糠醇	0.006 4	0.995 3
苯醌	0.008 9	0.983 7

从上述分析可以总结：在 Mn_3O_4 - FeOOH 复合材料催化 $KHSO_5$ 降解染料的过程中，单线态氧($^1O_2$)是主要活性含氧基团，同时还含有少量的硫酸根自由基 SO_4^- · 和羟基自由基 · OH。

5.4.2　催化反应体系中自由基的测定

为进一步验证猝灭实验中的结果，确认催化反应中活性含氧基团类型，采用电子自旋共振波谱仪(Electron Spin Resonance，ESR)检测反应过程中的活性含氧基团，得到的结果如图 5.16 所示。

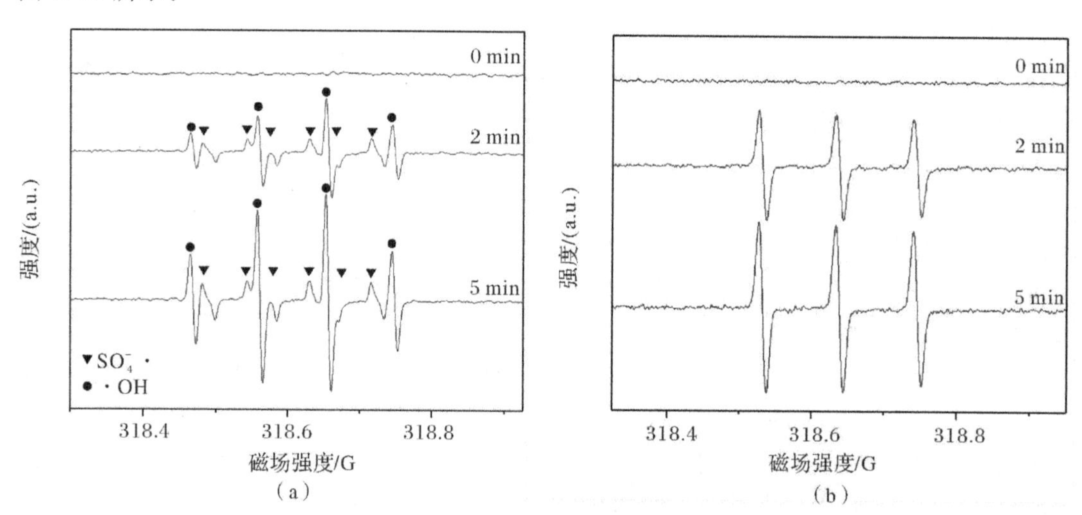

图 5.16　ESR 测试图谱

(a) SO_4^- · 和 · OH；(b) $^1O_2$

图 5.16(a)为 DMPO - SO_4^- · 和 DMPO - · OH 的典型自由基图谱，可以看出，当反应开始前，溶液中未发现自由基，反应开始后，Mn_3O_4 - FeOOH 复合材料/$KHSO_5$ 体系中生成了 SO_4^- · 和 · OH；且随着反应时间的延长，溶液中 SO_4^- · 和 · OH 的能量峰逐渐增大，表明溶液中这两类自由基逐渐增多。图 5.16(b)为 TMPO -$^1O_2$ 的典型自由基图谱，表明 Mn_3O_4 - FeOOH 复合材料/$KHSO_5$ 体系中生成了$^1O_2$。ESR 检测确认了反应生成的 3 种活性含氧基团。结合猝灭实验结果表明，3 种自由基在反应中均能有效降解染料。

5.4.3　Mn_3O_4 - FeOOH 复合材料催化 $KHSO_5$ 分解机理

根据以上实验结果，结合相关文献报道，提出了 Mn_3O_4 - FeOOH 复合材料催化 $KHSO_5$ 分解的反应路径，其中涉及的反应式如下：

$$\equiv Mn^{2+} + HSO_5^- \longrightarrow \equiv Mn^{3+} + SO_4^- \cdot + OH^- \tag{5.1}$$

$$\equiv Mn^{3+} + HSO_5^- \longrightarrow \equiv Mn^{2+} + SO_5^- \cdot + H^+ \tag{5.2}$$

$$\equiv Fe^{3+} + HSO_5^- \longrightarrow \equiv Fe^{2+} + SO_5^- \cdot + H^+ \tag{5.3}$$

$$\equiv Fe^{2+} + HSO_5^- \longrightarrow \equiv Fe^{3+} + SO_4^- \cdot + OH^- \tag{5.4}$$

$$\equiv Mn^{2+} + \equiv Fe^{3+} \longrightarrow \equiv Fe^{2+} + \equiv Mn^{3+} \tag{5.5}$$

$$SO_4^- \cdot + H_2O \longrightarrow \cdot OH + H^+ + SO_4^{2-} \tag{5.6}$$

$$SO_5^- \cdot + H_2O \longrightarrow H_2O_2 + SO_4^- \cdot \tag{5.7}$$

$$\cdot OH + H_2O_2 \longrightarrow HO_2 \cdot + H_2O \tag{5.8}$$

$$HO_2 \cdot \longrightarrow H^+ + O_2^- \cdot \tag{5.9}$$

$$O_2^- \cdot + \cdot OH \longrightarrow {}^1O_2 + OH^- \tag{5.10}$$

$$2O_2^- \cdot + 2H^+ \longrightarrow {}^1O_2 + H_2O_2 \tag{5.11}$$

$$\cdot OH + RhB \longrightarrow [\cdots 多步反应 \cdots] \longrightarrow CO_2 + H_2O \tag{5.12}$$

$${}^1O_2 + RhB \longrightarrow [\cdots 多步反应 \cdots] \longrightarrow CO_2 + H_2O \tag{5.13}$$

$$SO_4^- \cdot + RhB \longrightarrow [\cdots 多步反应 \cdots] \longrightarrow CO_2 + H_2O \tag{5.14}$$

$\equiv Mn^{2+}$ 通过与 $KHSO_5$ 发生反应[见式(5.1)]会生成 $SO_4^- \cdot$，同时 $\equiv Mn^{3+}$ 通过与 $KHSO_5$ 发生反应[见式(5.2)]会生成 $SO_5^- \cdot$；类似地，$\equiv Fe^{3+}$ 也会发生类似的反应[见式(5.3)]，生成的 $\equiv Fe^{2+}$ 会通过反应[见式(5.4)]重新恢复原价态。这样，$\equiv Mn^{2+} / \equiv Mn^{3+}$、$\equiv Fe^{2+} / \equiv Fe^{3+}$ 就产生了类似于 Fenton 反应的氧化还原反应[见式(5.5)]。Yao 等人的研究表明，用 $\equiv Mn^{2+}$ 还原 $\equiv Fe^{3+}$ 在热力学上是可行的。催化剂内部发生了电子的转移，从而实现催化剂的再生循环利用。且催化剂内部电子转移，可以加快活性含氧基团的产生速度，从而促进反应的进行，提升了降解率和反应速率。

$SO_4^- \cdot$ 和 $SO_5^- \cdot$ 在催化剂表面与水反应[见式(5.6)和式(5.7)]生成 $\cdot OH$ 和 H_2O_2，二者又通过反应[见式(5.8)～式(5.11)]和溶液中的 H^+ 反应生成单线态氧($^1O_2$)，生成的 3 种自由基均能攻击染料，从而使其降解为 CO_2 和 H_2O。Mn_3O_4 - FeOOH 复合材料催化剂 $KHSO_5$ 反应原理如图 5.17 所示。

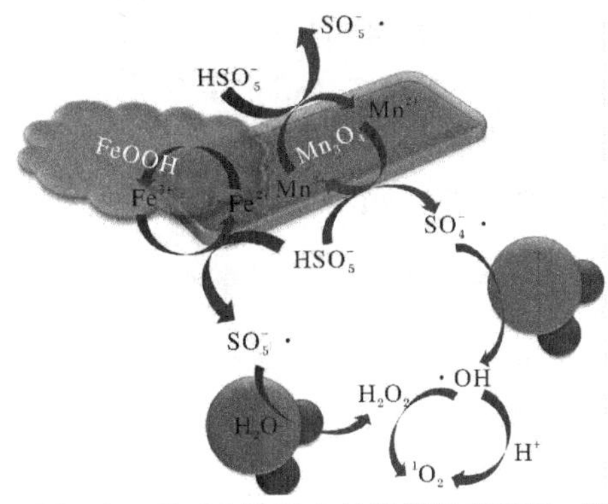

图 5.17　Mn_3O_4 - FeOOH 复合材料催化 $KHSO_5$ 反应原理图

5.5 Mn_3O_4 – FeOOH 复合材料的循环利用研究

相对于均相催化剂，非均相催化剂虽然催化效率稍低，但具有可循环使用、环境风险低的优点，重复使用可降低催化剂成本，提升其潜在利用和推广价值。因此，在设计非均相催化剂时，为充分展现其特点，需要考虑其可重复利用性及稳定性。

本实验采用多次重复催化实验的方法考察 Mn_3O_4 – FeOOH 复合材料的可重复利用性及稳定性。反应条件：催化剂采用复合材料 40MF，投加浓度为 0.2 g/L；氧化剂投加浓度为 0.650 0 mmol/L；染料初始浓度为 50 mg/L；反应温度为 25 ℃；反应时间为 30 min。第 1 次催化实验完成后，采用离心的方法将 Mn_3O_4 – FeOOH 复合材料分离出来，并用去离子水和无水乙醇多次清洗离心至中性，然后继续进行下一次催化实验。每次试验结束后，均取样检测溶液中金属离子溶出情况。实验共重复进行 5 次，所得结果如图 5.18 所示。

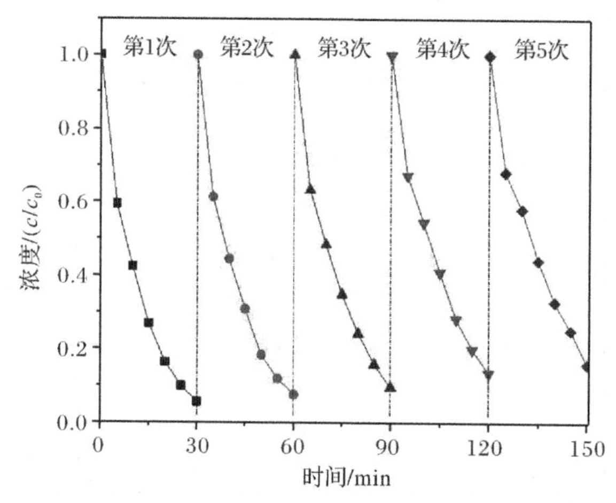

图 5.18 重复实验催化降解效率

由图 5.18 可知，5 次重复实验中，染料的降解率分别为 94.5%、92.5%、90.0%、86.4% 和84.7%，所有实验中染料的降解效率都超过 80%，相比于第 1 次实验，最后 1 次实验中 Mn_3O_4 – FeOOH 复合材料催化 $KHSO_5$ 降解水中染料的效率仍然较高，仅下降了 9.8%。由此可以看出，复合材料具有良好的可重复利用性。

此外，催化实验重复 5 次后，溶液中铁离子溶出浓度为 0.356 7 mg/L，约占投入催化剂总铁含量的 0.7%；锰离子的溶出浓度为 0.123 5 mg/L，约占投入催化剂总锰含量的0.4%。因此，Mn_3O_4 – FeOOH 复合材料具有良好的稳定性，可以有效循环利用，在未来水处理中具有良好的应用前景。

第 6 章 铜掺杂 Fe_3O_4/β－FeOOH 纳米磁性复合材料催化 PMS 降解 SMX 的效能研究

铜作为良好导体，可以提高催化剂的电子转移速度，并且价格远低于金、铂等贵金属，常作为催化材料的掺杂元素。本章对 Fe_3O_4/β－FeOOH 纳米催化剂进行铜掺杂，以期进一步提升催化剂催化性能并加强催化剂对不同 pH 的适应能力。

6.1 铜掺杂 Fe_3O_4/β－FeOOH 物化性质表征

6.1.1 晶相分析

在本章中分别制备了掺杂量为 3%、5%、8%和 10%(投加铜的物质的量占投加铁与铜总物质的量的百分比)，除铜与铁的比例不同外，所有样品制备步骤保持一致，为便于检测，选取掺杂量为 10%的样品进行物化性质分析。

铜掺杂 Fe_3O_4/β－FeOOH 的 XRD 图谱如图 6.1 所示。对比 PDF 卡片库分析，锰掺杂 Fe_3O_4/β－FeOOH 的信号峰依然与面心立方晶型的 Fe_3O_4 以及四方晶系的 β－FeOOH 相契合，并未检测到铜氧化物特征峰。铜掺杂 Fe_3O_4/β－FeOOH 特征峰中，Fe_3O_4 所对应特征峰相较于未掺杂催化剂同样略有左移，说明晶胞参数发生了变化，掺杂铜可能代替了部分晶格铁嵌入了 Fe_3O_4 晶胞中，而与锰掺杂 Fe_3O_4/β－FeOOH 相比，铜掺杂 Fe_3O_4/β－FeOOH 出峰更加尖锐，半峰宽更窄，表明其结构更加规则，结晶度更好。

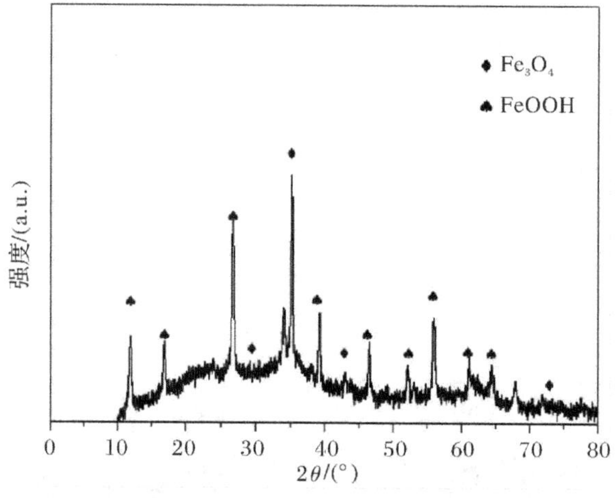

图 6.1 铜掺杂 Fe_3O_4/β-FeOOH 的 XRD 图谱

6.1.2 表面元素价态分析

图 6.2 为铜掺杂 Fe_3O_4/β-FeOOH 的 Fe 2p 与 Cu 2p XPS 精细谱，从图中可以看出，与锰掺杂催化剂相同，催化剂中铁的出峰同样未受掺杂影响，在 Fe 2p 精细谱中依然存在 5 处特征峰，特征峰位置略有变化。Fe(Ⅱ)特征峰所对应结合能为 710.16 eV 和 723.86 eV，结合能为 711.70 eV、725.40 eV 的特征峰属于 Fe(Ⅲ)，717.57 eV 处为振动卫星峰。图 6.2(b)为 Cu 2p 精细谱，结合能为 934.50 eV、954.40 eV 的特征峰属于 Cu(Ⅱ)，932.70 eV 和 952.50 eV 处的特征峰属于 Cu(Ⅰ)，在 940.72 eV 及 942.93 eV 处分别存在振动卫星峰，由此可得铜掺杂 Fe_3O_4/β-FeOOH 中铜的存在形式为 Cu(Ⅱ)与 Cu(Ⅰ)，由峰面积比较可知，Cu(Ⅱ)含量远高于 Cu(Ⅰ)。

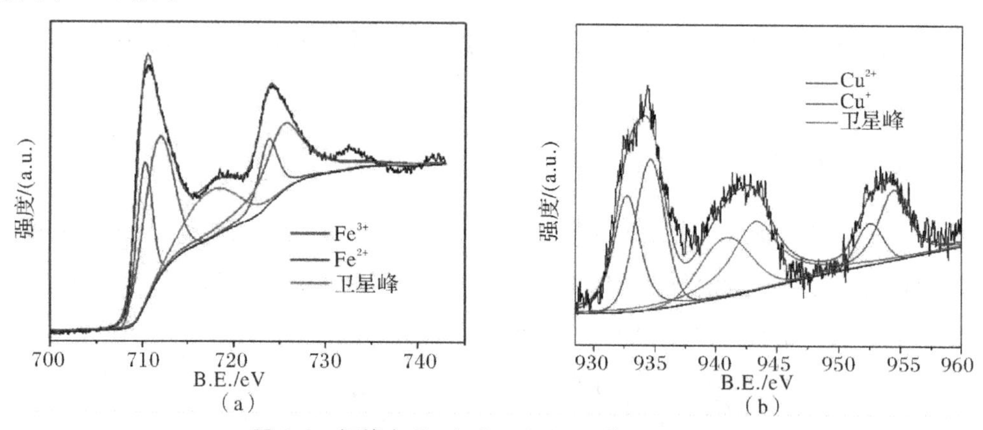

图 6.2 铜掺杂 Fe_3O_4/β-FeOOH 的 XPS 图谱

(a)Fe 2p; (b)Cu 2p

6.1.3 形貌分析

图 6.3 为铜掺杂 Fe_3O_4/β-FeOOH 的 TEM 图像。由图 6.3 可得，铜掺杂 Fe_3O_4/β-FeOOH中 β-FeOOH 与 Fe_3O_4 的形貌同样与未掺杂 Fe_3O_4/β-FeOOH 相同，二

者结合方式依然为 Fe_3O_4 颗粒镶嵌生长在 $\beta-FeOOH$ 颗粒表面，但从图中可以看出，经过铜掺杂后，Fe_3O_4 颗粒粒径极小，其镶嵌在 $\beta-FeOOH$ 表面的密度增大，Fe_3O_4 与$\beta-FeOOH$ 结合更加紧密，颗粒间交界面总面积也随之增大，有利于提升催化剂的催化性能。

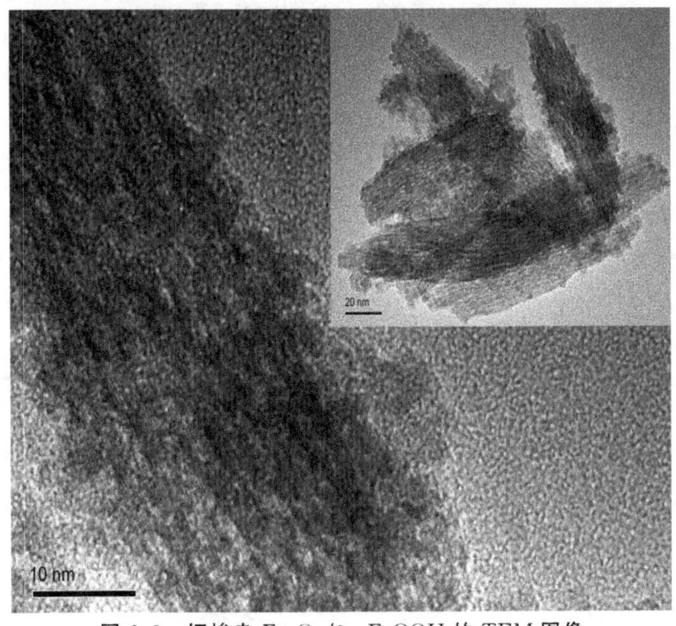

图 6.3　铜掺杂 $Fe_3O_4/\beta-FeOOH$ 的 TEM 图像

6.1.4　磁特性分析

利用振动式磁强计在 300 K 下对铜掺杂 $Fe_3O_4/\beta-FeOOH$ 的磁滞回线进行了测定(见图 6.4)。从图 6.4 中可以看出，铜的掺杂同样减弱了催化剂的磁感应特性。在磁场强度为 10 kOe时，铜掺杂 $Fe_3O_4/\beta-FeOOH$ 的相对磁化强度为 20.08 emu/g，由于磁感应特性灵敏度的降低，所以在实验磁场强度范围内并未测得材料的饱和磁化强度。

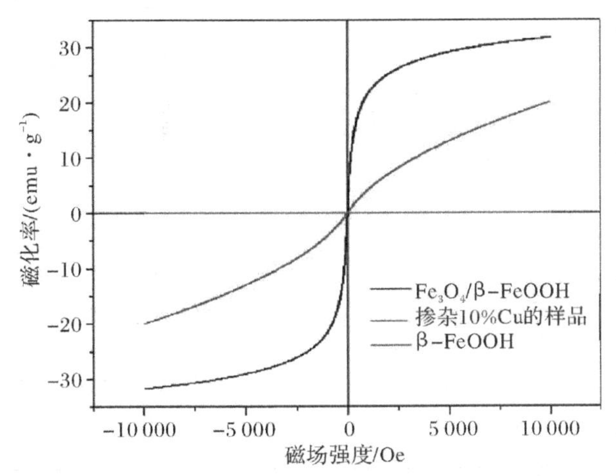

图 6.4　铜掺杂 $Fe_3O_4/\beta-FeOOH$ 纳米磁性颗粒的磁滞回线图

6.2 铜掺杂 $Fe_3O_4/\beta-FeOOH$ 催化 PMS 降解 SMX 的效能研究

本节对不同铜掺杂量催化剂的催化效能进行比较研究，以选出最优掺杂比例。在实验中发现，铜掺杂 $Fe_3O_4/\beta-FeOOH$ 催化 PMS 降解 SMX 的效率高，反应速率大，按照第 3 章和第 4 章实验条件进行反应，会极大地增加取样时间所导致的实验误差，为减小该误差，重新设定反应条件：SMX 浓度为 5 mg/L，催化剂投加浓度为 0.1 g/L，氧化剂投加浓度为 0.15 g/L，温度为 298 K，pH＝7.5。实验结果见图 6.5，由图可得，铜掺杂催化剂催化 PMS 降解 SMX 的效能随铜掺杂量的增加而提高，30 min 时，铜掺杂量为 3%、5%、8%及 10%的催化剂所对应的催化体系中，SMX 降解率分别为 74%、89%、90%和 92%，当铜掺杂量增加至 5%时，掺杂提升催化效能的效果明显，而当掺杂量由 5%增加至 10%时，SMX 降解率仅提高了 3%，并且随着掺杂量的增加，催化剂的磁分离特性逐渐减弱。综合考量选取 5%为最优掺杂比例，用 5%铜掺杂催化剂进行后续实验。

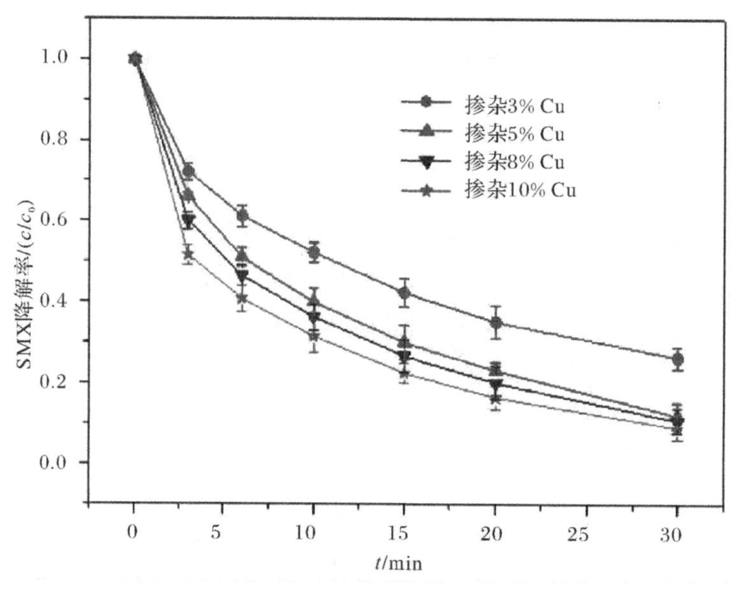

图 6.5 铜掺杂量对 SMX 降解的影响

保持反应条件不变，在相同条件下比较了未掺杂 $Fe_3O_4/\beta-FeOOH$、锰掺杂 $Fe_3O_4/\beta-FeOOH$ 及铜掺杂 $Fe_3O_4/\beta-FeOOH$ 三种催化剂的催化效能。结果如图 6.6 所示，30 min时 SMX 的降解率分别为 70%、76%和 89%，铜掺杂 $Fe_3O_4/\beta-FeOOH$ 的催化效能相对于前两者有极大的提升。上述结果表明，铜掺杂 $Fe_3O_4/\beta-FeOOH$ 无论在磁分离性能还是催化性能上均优于锰掺杂 $Fe_3O_4/\beta-FeOOH$，有必要对其进行进一步研究。

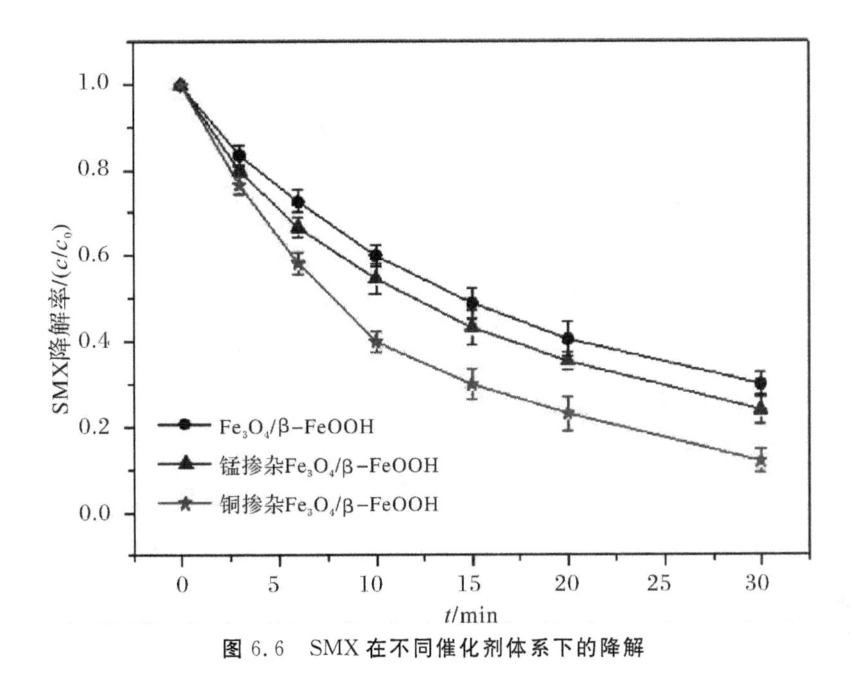

图6.6　SMX在不同催化剂体系下的降解

6.3　不同操作条件对铜掺杂Fe_3O_4/β-FeOOH催化效能影响分析

为了满足实际工程需求，本研究考察了不同操作条件对铜掺杂Fe_3O_4/β-FeOOH催化降解SMX的影响。根据实验经验，反应过快会增大取样时间所带来的误差，同时也会减少有效取样点的数量，增大了动力学拟合时的误差，因此将实验初始条件设定为SMX浓度为5 mg/L，催化剂投加浓度为0.1 g/L，初始氧化剂投加浓度为0.15 g/L，温度为298 K，pH=7.5。实验进行时控制单一变量，一种条件改变时，其他参数保持不变。

6.3.1　催化剂投加浓度的影响

不同催化剂投加浓度对SMX降解影响如图6.7所示。由图6.7可得，反应体系的k_{obv}随着催化剂投加浓度的增加而升高，催化剂投加量为0.05 g/L、0.1 g/L、0.2 g/L和0.4 g/L时，对应的k_{obv}分别为0.038 5 min^{-1}、0.071 7 min^{-1}、0.099 1 min^{-1}和0.169 0 min^{-1}。催化剂投加浓度与反应速率间同样满足线性关系(R^2 = 0.98)，线性方程：k_{obv} = 0.027 9 min^{-1} + $m(Catalyst)_0$ × 0.355 L/(g·min)，与未掺杂Fe_3O_4/β-FeOOH与锰掺杂Fe_3O_4/β-FeOOH体系所拟合线性方程相比，斜率明显增大，说明与前两者相比，以铜掺杂Fe_3O_4/β-FeOOH为催化剂的体系中，催化剂投加浓度对反应速率影响更大，同样证明了铜掺杂催化剂具最高的活性。

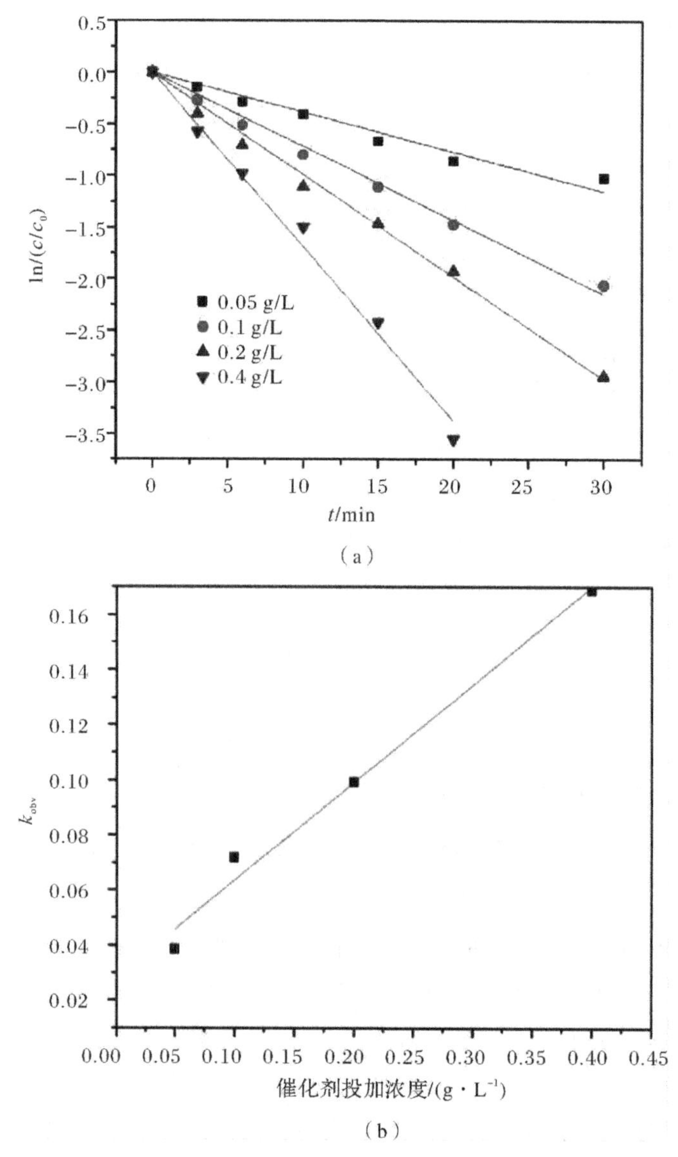

图 6.7 催化剂投加浓度对 SMX 降解的影响

(a)不同投加浓度下的拟一级动力学分析;(b)催化剂投加浓度与反应速率常数关系

6.3.2 氧化剂投加浓度的影响

考察了 PMS 投加浓度对 SMX 降解速率的影响,结果如图 6.8 所示。由图 6.8 可得,SMX 的降解率随 PMS 投加浓度的增加而呈逐渐升高的趋势。当 PMS 与 SMX 的投加浓度比为 10∶1、20∶1、30∶1及 50∶1时,对应的 k_{obv}分别为 0.032 2 min^{-1}、0.050 9 min^{-1}、0.071 7 min^{-1}和 0.126 1 min^{-1}。从实验结果中可以得出,铜掺杂 Fe_3O_4/β-FeOOH 的催化效果较好,且未出现自抑制现象,猜测原因为反应体系中的 PMS 除与催化剂表面活性点位反应外,还会在表面铜的帮助下直接与 SMX 进行分子反应,从而增加了 PMS 的分解途径,而实际与

SO_4^- ·接触的 PMS 含量并未达到自抑制水平。综合考虑 SMX 降解效率及物料成本，PMS 的最佳投加浓度比为 30∶1。

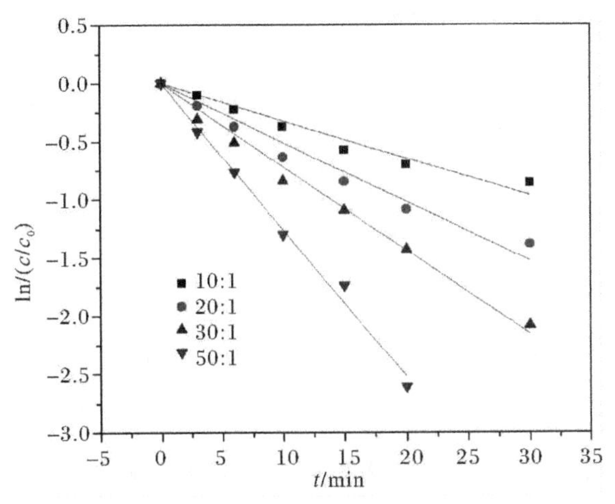

图 6.8 PMS 投加浓度对 SMX 降解的影响

6.3.3 温度的影响

图 6.9(a)为不同反应温度对 SMX 降解的影响，与前文结论相同，SMX 的降解率随温度升高而升高。当温度由 288 K 升高至 328 K 时，k_{obv} 由 0.048 0 min^{-1} 升高至 0.293 0 min^{-1}。同样以阿伦尼乌斯公式[见式(3.1)]对温度及反应速率相关数据进行线性拟合[见图 6.9(b)(R^2 = 0.98)]，计算后得到表观活化能为 35.36 kJ/mol，相比于锰掺杂 Fe_3O_4/β－FeOOH，铜掺杂 Fe_3O_4/β－FeOOH 催化 PMS 降解 SMX 体系的表观活化能下降更加明显，更加印证了铜掺杂催化剂的良好催化性能。

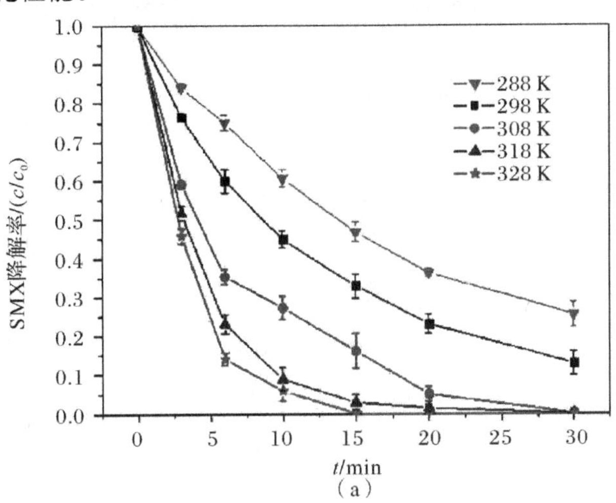

图 6.9 温度对 SMX 降解的影响

(a)不同温度下 SMX 的降解情况

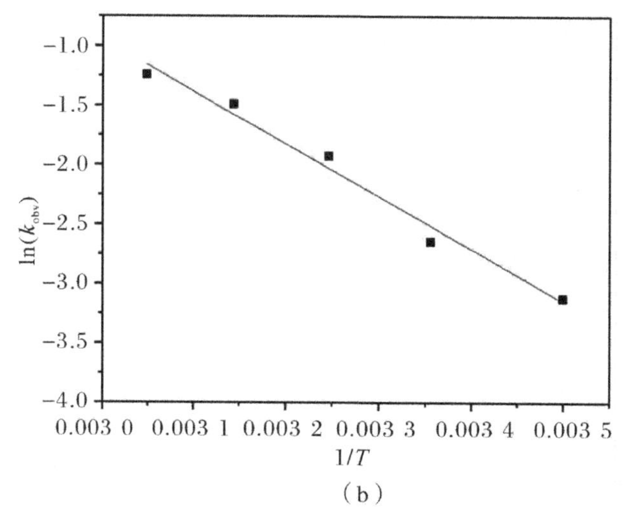

(b)

续图 6.9 温度对 SMX 降解的影响

(b)铜掺杂 Fe_3O_4/β-FeOOH /PMS 体系中 ln(k_{obv})与 1/T 的关系

6.3.4 pH 的影响

图 6.10 反映了在酸性(pH=4.0)、近中性(pH=7.5)及碱性(pH=9.5)条件下 SMX 的降解情况。由图 6.10 可得,30 min 时 SMX 在酸性、碱性和近中性条件下的降解率分别为 53%、89%和 76%。实验结果表明,铜掺杂极大地提升了催化剂在酸性及碱性条件下催化 PMS 降解 SMX 的能力,尤其在酸性条件下,与未掺杂体系相比,SMX 的降解率提高了近 2 倍。铜极强的电子传导能力极大地提升了催化剂在不同 pH 环境下的催化能力,在水质 pH 不稳定的条件下也能够有效降解 SMX,具有较强的抗干扰能力,从而拓宽了催化剂的使用范围。

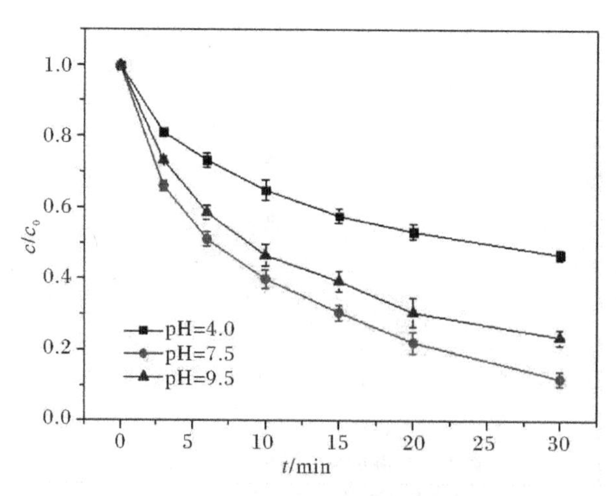

图 6.10 pH 对 SMX 降解的影响

6.4　铜掺杂 Fe_3O_4/β－FeOOH 的稳定性及可重复利用性

根据前文实验结果可知，铜掺杂 Fe_3O_4/β－FeOOH 具有极高的催化活性和较广的 pH 适应范围。本节将通过催化剂循环实验及溶出离子检测对铜掺杂催化剂的可重复利用性及稳定性进行评价，并判断掺杂铜在反应体系中主要作用形式(均相催化或非均相催化)。图 6.11 为 5 次循环实验中 SMX 的降解率及铁离子的溶出情况。由图 6.11 可得，30 min 时 SMX 的降解率随着催化剂使用次数增加而缓慢下降。在第 5 次实验中，SMX 的降解率为 75%，与第一次实验相比降低了 14%。铁离子的溶出浓度从第一次实验后检测到的 0.22 mg/L升高至 0.51 mg/L，占投加催化剂中铁总质量的 0.11%～0.25%，在 5 次循环实验中，铜离子溶出浓度均低于检测限，证明掺杂铜是通过非均相催化途径提高 SMX 降解效率以及拓宽催化剂 pH 适用范围的。图 6.12 反映了 5 次循环实验中 SMX 的降解情况。由图 6.12 可得，催化剂经过 5 次循环使用后，SMX 的矿化率由 62%降低至 54%，相比于未掺杂 Fe_3O_4/β－FeOOH体系提高了近 10%，说明在铜掺杂催化体系中，SMX 分解更为彻底。

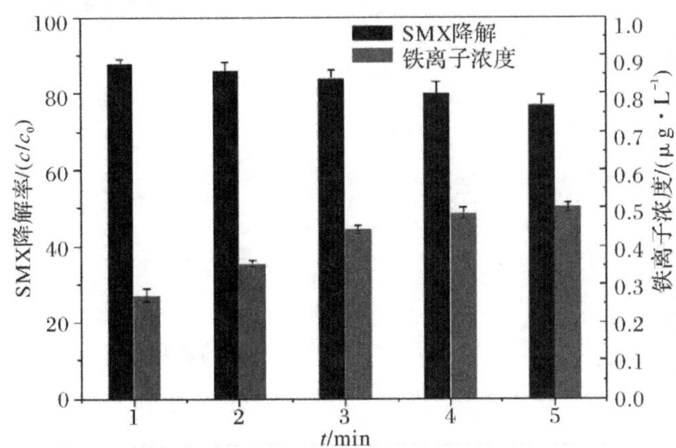

图 6.11　铜掺杂 Fe_3O_4/β－FeOOH 在活化 PMS 降解 SMX 体系中的稳定性及可重复利用性

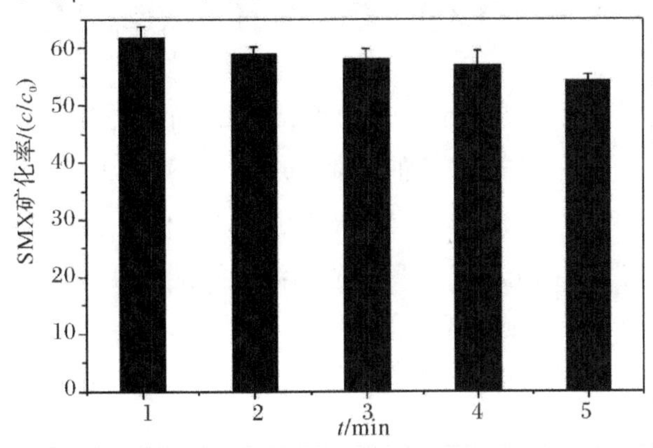

图 6.12　SMX 降解实验中的 SMX 矿化率

6.5 铜掺杂 $Fe_3O_4/\beta-FeOOH$ 催化 PMS 降解 SMX 反应中产生 ROS 的分析

本小节考查了催化反应中生成的活性氧簇(ROS)。同样以无水乙醇、TBA、FFA 作为猝灭剂,结果如图 6.13 所示。在分别投加 0.6 mol/L 的无水乙醇、TBA 与 FFA 后,相较于无猝灭体系,SMX 的降解率由 89%降至 67%、84%和 38%。实验结果表明,在反应体系中,$SO_4^-\cdot$、$\cdot OH$ 以及 $^1O_2$ 均有生成,三者在 SMX 降解过程中的贡献度为 $^1O_2 > SO_4^-\cdot > \cdot OH$。深入研究发现,在铜掺杂 $Fe_3O_4/\beta-FeOOH$ 体系中,3 种猝灭剂对 SMX 降解的抑制作用弱于未掺杂体系,表明在体系中可能存在无 ROS 参与的反应。

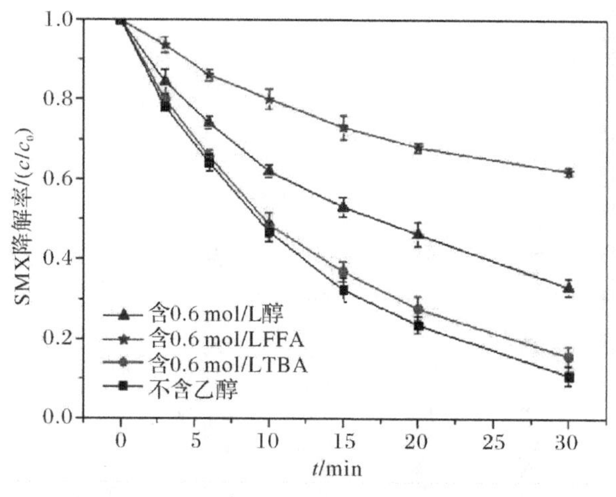

图 6.13 猝灭剂对 SMX 降解的影响

6.6 铜掺杂 $Fe_3O_4/\beta-FeOOH$ 催化 PMS 机理分析

本小节首先考查了催化剂反应前、后表面铁、铜元素价态的变化情况。Fe 2p 及 Cu 2p 的 XPS 图谱如图 6.14 所示,反应前、后催化剂 Fe $2p_{3/2}$ 信号峰顶点位置所对应的结合能由 710.50 eV 位移至 710.80 eV,Cu $2p_{3/2}$ 信号峰则由 934.72 eV 位移至 933.34 eV。对于同一种过渡金属元素,其价态越高,峰位置所对应的结合能就越大。铁元素的特征峰在实验结束后向高结合能位移而铜元素则向低结合能位移,这表明,在催化反应进程中,催化剂表面的部分 Fe(Ⅱ)转化为 Fe(Ⅲ),部分 Cu(Ⅱ)转化为 Cu(Ⅰ)。该催化反应涉及的反应式如下:

$$\equiv Fe^{III}-OH + \equiv Cu^{I}-OH \longrightarrow \equiv Fe^{II}-OH + \equiv Cu^{II}-OH \tag{6.1}$$

$$\equiv Cu^{II}-OH+HSO_5^- \longrightarrow \equiv Cu^{II}-(O)O\,SO_3^- +H_2O \tag{6.2}$$

$$\equiv Cu^{II}-(O)O\,SO_3^- +H_2O \longrightarrow \equiv Cu^{I}-OH+SO_5^- \cdot +H^+ \tag{6.3}$$

$$\equiv Cu^{I}-OH+HSO_5^- \longrightarrow \equiv Cu^{I}-(O)O\,SO_3^- +H_2O \tag{6.4}$$

$$\equiv Cu^{I}-(O)O\,SO_3^- +H_2O \longrightarrow \equiv Cu^{II}+SO_4^- \cdot +OH^- \tag{6.5}$$

$$\equiv Cu^{I}-(O)O\,SO_3^- +H_2O \longrightarrow \equiv Cu^{II}+SO_4^{2-}+\cdot OH \tag{6.6}$$

$$SMX+SO_4^- \cdot /\cdot OH \longrightarrow 中间产物 \longrightarrow CO_2+H_2O \tag{6.7}$$

$$SMX+PMS \xrightarrow{Cu} 中间产物 \longrightarrow CO_2+H_2O \tag{6.8}$$

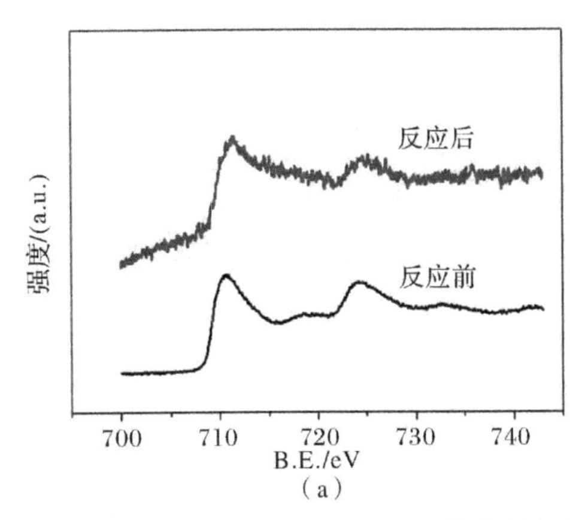

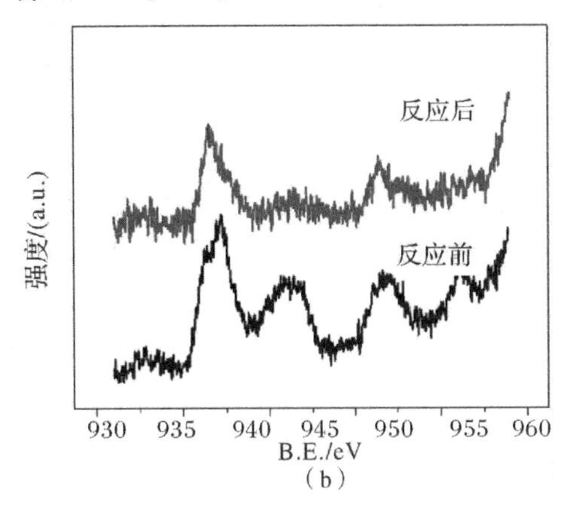

图 6.14　催化剂参加反应前、后的 XPS 图谱

(a)Fe 2p；(b)Cu 2p

与未掺杂体系相比，铜掺杂 Fe_3O_4/β-FeOOH 催化 PMS 分解的主体机理不变。在 PMS 的自由基分解路径中，Fe(Ⅲ)与 Fe(Ⅱ)的内部循环及与 PMS 反应生成自由基的机理同第 4 章[见式(4.1)～式(4.5)]。在催化剂表面，Cu(Ⅱ)/Cu(Ⅰ)的氧化还原电位(0.17 V)，低于 Fe(Ⅲ)/Fe(Ⅱ)的氧化还原电位(0.77 V)，因此，在催化剂表面铜、铁元素交界处，Fe(Ⅲ)将氧化 Cu(Ⅰ)生成 Fe(Ⅱ)和 Cu(Ⅱ)[见式(6.1)]。还原产物 Fe(Ⅱ)继续与 PMS 反应生成 SO_4^- · 和 · OH，同时氧化产物 Cu(Ⅱ)羟基化后能够被 PMS 还原为 Cu(Ⅰ)[见式(6.2)和式(6.3)]，Cu(Ⅰ)继续与 PMS 反应生成 SO_4^- · 和 · OH，完成催化剂内部铜的循环[见式(6.4)～式(6.6)]，最终 SMX 在 SO_4^- · 及 · OH 的作用下降解[见式(6.7)]。值得注意的是，铜元素在反应后 Cu(Ⅱ)含量下降而 Cu(Ⅰ)含量上升，说明在反应过程中 Cu(Ⅰ)在不断积累，Cu(Ⅰ)的羟基化是整个反应体系的限速步骤。

本小节接着考查铜掺杂对 PMS 的非自由基分解路径的影响。对反应前铜掺杂 Fe_3O_4/β-FeOOH的 O 1s XPS 精细谱进行分析，如图 6.15 所示。经过分峰处理后，同样在 529.5 eV 和 530.9 eV 处检测出强峰信号，分别代表晶格氧和化学吸附氧(氧空位)。铜掺杂催化剂表面氧空位含量高达 77.9%，而未掺杂 Fe_3O_4/β-FeOOH 中表面氧空位含量为 55.2%，相比提高了 22.6%。表面氧空位的增加，为 PMS 分解提供了更多的有效点位。分析原因：在晶格中 Cu(Ⅱ)替换了部分 Fe(Ⅱ)，而 Cu(Ⅱ)氧化性高于 Fe(Ⅱ)，对电子吸引力更强，因此改变了原有晶格中相邻氧原子位置，易引发点缺陷，最终形成氧空位。此外，由 pH 影响实验及猝灭剂实验结果推测，在表面铜强电子传递能力的协助下，PMS 能够直接氧化 SMX，即 PMS 与 SMX 间直接发生分子反应[见式(6.8)]，可归类为非自由基途径。

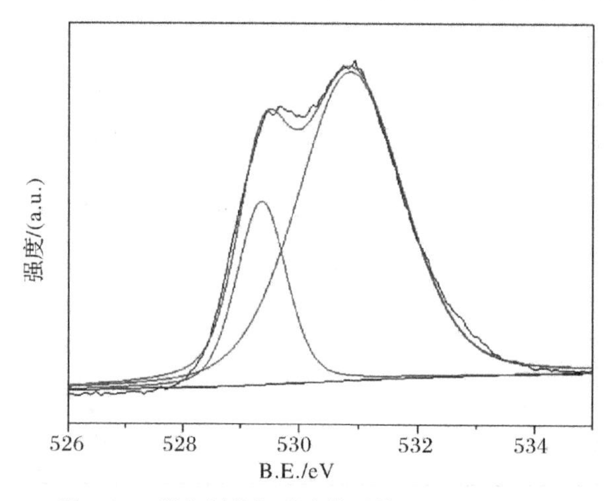

图 6.15　催化剂参加反应前后的 O 1s XPS 图谱

参考文献

[1] 李晨旭，彭伟，刘杰，等. 过渡金属氧化物非均相催化过硫酸氢盐（PMS）活化及氧化降解水中污染物的研究进展[J]. 材料导报，2018，32 (13)：2223－2229.

[2] GHANBARI F，MORADI M. Application of peroxymonosulfate and its activation methods for degradation of environmental organic pollutants：review[J]. Chemical Engineering Journal，2016，310：41－62.

[3] 陈晓旸，薛智勇，吴丹，等. 基于硫酸自由基的高级氧化技术及其在水处理中的应用[J]. 水处理技术，2009，35(5)：16－20.

[4] HUSSAIN H，GREEN I R，AHMED I. Journey describing applications of oxone in synthetic chemistry[J]. Chemical Reviews，2013，113(5)：3329－3371.

[5] 范斯娜. 过渡金属离子活化过硫酸氢钾复合盐降解水体中萘普生的研究[D]. 广州：广东工业大学，2015.

[6] 郭鑫. 基于硫酸根自由基的高级氧化法深度处理造纸废水的研究[D]. 广州：华南理工大学，2013.

[7] WACLAWEK S，LUTZE H V，GRUBEL K，et al. Chemistry of persulfates in water and wastewater treatment：a review[J]. Chemical Engineering Journal，2017，330：44－62.

[8] HE J，YANG X F，MEN B，et al. Interfacial mechanisms of heterogeneous Fenton reactions catalyzed by iron-based materials：a review[J]. Journal of Environmental Sciences，2016，39(1)：97－109.

[9] 林影. 零价铁与过氧化氢及过硫酸钠类芬顿降解活性艳橙 X－GN[D]. 广州：华南理工大学，2016.

[10] ANIPSITAKIS G P，DIONYSIOU D D. Radical generation by the interaction of transition metals with common oxidants[J]. Environmental Science and Technology，2004，38 (13)：3705－3712.

[11] 韩强，杨世迎，杨鑫，等. 钴催化过一硫酸氢盐降解水中有机污染物：机理及应用研究[J]. 化学进展，2012，24(1)：144－156.

[12] 邓靖，卢遇安，马晓雁，等. 非均相催化 Oxone 高级氧化技术的研究进展[J]. 水处理技术，2015，41(6) ：22－29.

[13] ANIPSITAKIS G P, STATHATOS E, DIONYSIOU D D. Heterogeneous activation of oxone using Co_3O_4[J]. The Journal of Physical Chemistry B, 2005, 109(27): 13052 - 13055.

[14] DENG J, FENG S F, ZHANG K J, et al. Heterogeneous activation of peroxymonosulfate using ordered mesoporous Co_3O_4 for the degradation of chloramphenicol at neutral pH[J]. Chemical Engineering Journal, 2017, 308: 505 - 515.

[15] ANBIA M, REZAIE M. Synthesis of supported ruthenium catalyst for phenol degradation in the presence of peroxymonosulfate[J]. Water, Air and Soil Pollution, 2016, 227(9): 349 - 357.

[16] QI F, CHU W, XU B B. Catalytic degradation of caffeine in aqueous solutions by cobalt - MCM41 activation of peroxymonosulfate[J]. Applied Catalysis B: Environmental, 2013, 134/135: 324 - 332.

[17] LIN K Y A, CHANG H A. Zeolitic imidazole Framework - 67 (ZIF - 67) as a heterogeneous catalyst to activate peroxymonosulfate for degradation of Rhodamine B in water[J]. Journal of the Taiwan Institute of Chemical Engineers, 2015, 53: 40 - 45.

[18] ZHU Y P, REN Z Y, YUAN Z Y. Co^{2+} - loaded periodic mesoporous aluminum phosphonates for efficient modified Fenton catalysis[J]. RSC Advances, 2015, 5(10): 7628 -7636.

[19] ZHANG W, TAY H L, LIM S S, et al. Supported cobalt oxide on MgO: highly efficient catalysts for degradation of organic dyes in dilute solutions[J]. Applied Catalysis B: Environmental, 2009, 95(1/2): 93 - 99.

[20] 王丽苹. 金属有机骨架材料在光催化反应中的应用研究进展[J]. 材料导报, 2017, 31(13): 51 - 62.

[21] ZENG T, ZHANG X L, WANG S H, et al. Spatial confinement of a Co_3O_4 catalyst in hollow metal-organic frameworks as a nanoreactor for improved degradation of organic pollutants[J]. Environmental Science and Technology, 2015, 49(4): 2350 - 2357.

[22] LIN K Y A, CHEN Y C, HUANG C F. Magnetic carbon-supported cobalt prepared from one-step carbonization of hexacyanocobaltate as an efficient and recyclable catalyst for activating Oxone[J]. Separation and Purification Technology, 2016, 170: 173 - 182.

[23] XU P, ZENG G M, HUANG D L, et al. Use of iron oxide nanomaterials in wastewater treatment: a review[J]. Science of the Total Environment, 2012, 424: 1 - 10.

[24] CUNDY A B, HOPKINSON L, WHITBY R L D. Use of iron-based technologies in contaminated land and groundwater remediation: a review[J]. Science of the Total Environment, 2008, 400(1): 42 - 51.

[25] CHEN D, MA X L, ZHOU J Z, et al. Sulfate radical-induced degradation of Acid Orange 7 by a new magnetic composite catalyzed peroxymonosulfate oxidation process[J]. Journal of Hazardous Materials, 2014, 279: 476 - 484.

[26] ZHOU G L, LIU S Z, SUN H Q, et al. Nano - Fe^0 encapsulated in microcarbon spheres: synthesis, characterization, and environmental applications[J]. ACS Applied Materials and Interfaces, 2012, 4(11): 6235 - 6241.

[27] GONG F, WANG L, LI D W, et al. An effective heterogeneous iron-based catalyst to activate peroxymonosulfate for organic contaminants removal[J]. Chemical Engineering Journal, 2015, 267: 102 - 110.

[28] DU J K, BAO J G, LIU Y, et al. Efficient activation of peroxymonosulfate by magnetic Mn - MGO for degradation of bisphenol A[J]. Journal of Hazardous Materials, 2016, 320: 150 - 159.

[29] WANG Y X, XIE Y B, SUN H Q, et al. 2D/2D nano-hybrids of $\gamma - MnO_2$ on reduced graphene oxide for catalytic ozonation and coupling peroxymonosulfate activation[J]. Journal of Hazardous Materials, 2016, 301: 56 - 64.

[30] WEI M Y, RUAN Y, LUO S L, et al. The facile synthesis of a magnetic OMS - 2 catalyst for decomposition of organic dyes in aqueous solution with peroxymonosulfate[J]. New Journal of Chemistry, 2015, 39(8): 6395 - 6403.

[31] SAPUTRA E, MUHAMMAD S, SUN H Q, et al. Manganese oxides at different oxidation states for heterogeneous activation of peroxymonosulfate for phenol degradation in aqueous solutions[J]. Applied Catalysis B Environmental, 2013, 142/143: 729 - 735.

[32] SAPUTRA E, MUHAMMAD S, SUN H Q, et al. Different crystallographic one-dimensional MnO_2 nano-materials and their superior performance in catalytic phenol degradation[J]. Environmental Science and Technology, 2013, 47(11): 5882 - 5887.

[33] SAPUTRA E, MUHAMMAD S, SUN H Q, et al. Shape-controlled activation of peroxymonosulfate by single crystal $\alpha - Mn_2O_3$ for catalytic phenol degradation in aqueous solution[J]. Applied Catalysis B: Environmental, 2014, 154/155: 246 - 251.

[34] FENG Y, WU D L, DENG Y, et al. Sulfate radical-mediated degradation of sulfadiazine by $CuFeO_2$ rhombohedral crystal-catalyzed peroxymonosulfate: synergistic effects and mechanisms[J]. Environmental Science and Technology, 2016, 50(6): 3119 - 3127.

[35] NIE G, HUANG J, HU Y Z, et al. Heterogeneous catalytic activation of peroxymonosulfate for efficient degradation of organic pollutants by magnetic Cu^0/Fe_3O_4 submicron composites [J]. Chinese Journal of Catalysis, 2017, 38(2): 227 - 239.

[36] WAN Z, WANG J L. Degradation of sulfamethazine antibiotics using $Fe_3O_4 - Mn_3O_4$ nanocomposite as a Fenton-like catalyst[J]. Journal of Chemical Technology and Biotechnology, 2017, 92(4): 874 - 883.

[37] 刘杰. 纳米 Fe_3O_4 及其复合材料催化过氧化物降解水中氯酚的研究[D]. 哈尔滨:哈尔滨工业大学, 2014.

[38] LIU J, ZHAO Z W, SHAO P H. Activation of peroxymonosulfate with magnetic $Fe_3O_4 - MnO_2$ core-shell nanocomposites for 4 - chlorophenol degradation[J]. Chemical Engineering Journal, 2015, 262(9): 854 - 861.

[39] FENG Y,LIAO C Z,LI H K,et al. Cu_2O – promoted degradation of sulfamethoxazole by alpha – Fe_2O_3 – catalyzed peroxymonosulfate under circumneutral conditions: synergistic effect, Cu/Fe ratios, and mechanisms[J]. Environmental Technology, 2018,39(1/4):1 – 11.

[40] 张丹薇. 铜铈二元混合氧化物催化过硫酸氢钾降解苯酚研究[D]. 哈尔滨:哈尔滨工业大学,2013.

[41] DING Y B,ZHU L H,WANG N,et al. Sulfate radicals induced degradation of tetrabromobisphenol A with nanoscaled magnetic $CuFe_2O_4$ as a heterogeneous catalyst of peroxymonosulfate[J]. Applied Catalysis B:Environmental,2013,129:153 – 162.

[42] REN Y M,LIN L Q,MA J,et al. Sulfate radicals induced from peroxymonosulfate by magnetic ferrospinel MFe_2O_4(M = Co,Cu,Mn,and Zn) as heterogeneous catalysts in the water[J]. Applied Catalysis B:Environmental,2015,165:572 – 578.

[43] FENG Y, LIU J H, WU D L, et al. Efficient degradation of sulfamethazine with $CuCo_2O_4$ spinel nanocatalysts for peroxymonosulfate activation[J]. Chemical Engineering Journal,2015,280:514 – 524.

[44] TAN C Q, GAO N Y, FU D F, et al. Efficient degradation of paracetamol with nanoscaled magnetic $CoFe_2O_4$ and $MnFe_2O_4$ as a heterogeneous catalyst of peroxymonosulfate[J]. Separation and Purification Technology,2017,175:47 – 57.

[45] YAO Y J,CAI Y M,WU G D,et al. Sulfate radicals induced from peroxymonosulfate by cobalt manganese oxides ($Co_xMn_{3-x}O_4$) for Fenton-Like reaction in water[J]. Journal of Hazardous Materials,2015,296:128 – 137.

[46] OH W D,LUA S K,DONG Z L,et al. A novel three-dimensional spherical $CuBi_2O_4$ consisting of nanocolumn arrays with persulfate and peroxymonosulfate activation functionalities for 1H – benzotriazole removal[J]. Nanoscale,2015,7(17):8149 – 8158.

[47] ZHU Y P,ZHU R L,XI Y F,et al. Strategies for enhancing the heterogeneous Fenton catalytic reactivity:a review[J]. Applied Catalysis B:Environmental,2019,255:117739.

[48] REN W,CHENG C,SHAO P H,et al. Origins of electron-transfer regime in persulfate-based nonradical oxidation processes[J]. Environmental Science and Technology,2022,56(1):78 – 97.